百科经典科普阅读丛书

数字不单纯

谈祥柏 编

中国大百科全书出版社

图书在版编目（CIP）数据

数字不单纯 / 谈祥柏编 . --北京：中国大百科
全书出版社，2020.8
ISBN 978-7-5202-0754-6

I.①数… II.①谈… III.①数学-少儿读物 IV.
①O1-49

中国版本图书馆CIP数据核字（2020）第074816号

出 版 人：刘国辉
责任编辑：黄佳辉
封面设计：吾然设计工作室
责任印制：邹景峰
出版发行：中国大百科全书出版社
地　　址：北京市西城区阜成门北大街17号　　邮编：100037
网　　址：http://www.ecph.com.cn　　电话：010-88390112
图文制作：鑫联必升文化发展有限公司
印　　刷：中煤（北京）印务有限公司
字　　数：97千字
印　　张：6.25
开　　本：889毫米×1194毫米　1/24
版　　次：2020年10月第1版
印　　次：2020年10月第1次印刷
书　　号：978-7-5202-0754-6
定　　价：48.00元

丛书序

科技发展日新月异，"信息爆炸"已经成为社会常态。

在这个每天都涌现海量信息、时刻充满发展与变化的世界里，孩子们需要掌握的知识似乎越来越多。这其中科学技术知识的重要性是毋庸置疑的。奉献一套系统而通彻的科普作品，帮助更多青少年把握科技的脉搏、深度理解和认识这个世界，最终收获智识成长的喜悦，是"百科经典科普阅读"丛书的初心。

科学知识看起来繁杂艰深，却总是围绕基本的规律展开；"九层之台，起于累土"，看起来宛如魔法的现代科技，也并不是一蹴而就。只要能够追根溯源，理清脉络，掌握这些科技知识就会变得轻松很多。在弄清科学技术的"成长史"之后，再与现实中的各种新技术、新名词相遇，你不会再感到迷茫，反而会收获"他乡遇故知"的喜悦。

丛书的第一辑即将与年轻读者们见面。其中收录的作品聚焦于数学、物理、化学三个基础学科，它们的作者都曾在各自的学科领域影响了一整个时代有志于科技发展的青少年：谈祥柏从事数学科普创作五十余载、被誉为"中国数学科普三驾马车"之一；甘本祓创作了引领众多青少年投身无线电事业的《生活在电波之中》；北京大学化学与分子工程学院培养了中国最早一批优秀化学专业人才……他们带着自己对科技发展的清晰认知与对青少年的殷切希望写下这些文字，或幽默可爱，或简洁晓畅，将一幅幅清晰的科学发展脉络图徐徐铺展在读者眼前。相信在阅读了这些名家经典之后，广阔世界从此在你眼中将变得不同：诗歌里蕴藏着奇妙的数学算式；空气中看不见的电波载着信号来回奔流不息；元素不再只是符号，而是有着不同面孔的精灵，时刻上演着"爱恨情仇"……

"百科经典科普阅读"丛书既是一套可以把厚重的科学知识体系讲"薄"的"科普小书"，又是一套随着读者年龄增长，会越读越厚的"大家之言"。它简洁明快，直白易懂，三言两语就能带你进入仿佛可视可触的科学世界；同时它由中国乃至世界上最优秀的一批科普作者擎灯，引领你不再局限于课本之中，而是到现实中去，到故事中去，重新认识科学，用理智而又浪漫的视角认识世界。

愿我们的青少年读者在阅读中获得启迪，也期待更多的优秀科普作家和经典科普作品加入到丛书中来。

中国大百科全书出版社

2020 年 8 月

目 录

一、趣味算术

二、趣味概率和运筹

三、数字奇趣

趣味算术

康德的机智

　　"床是病窝"，德国大哲学家康德这样认为．他从来不肯多睡，而且按照一种非常刻板的规律来生活，甚至连走路也是不快不慢．

　　有一天，康德家里的大钟停了，那天又是阴天，他不能根据太阳的位置来推算时间．

　　康德步行前去拜访一位朋友斯密特，进门时，见门厅里有一只大钟，康德向它瞥了一眼．谈了好久，他向主人告辞，循原路回家．他一走进家门，立刻就把钟调准了，但是他始终没有向家人问过一句话．那么，他是怎样把钟校准的呢？

　　出门时，他先开足发条，把钟上的指针任意放在一个位置，最方便的办法，就是调到12点钟．回家时，一进门就看钟．这样，两者的差数就是他不在家时所经过的时间了．然后，再减去他在朋友家里所消磨掉的时间（这只要在他到达与离去时，都看一看朋友家里的钟就行了），其差数就是他在路上的时间．假定他走路匀速，所以再把这个数字除以2后，加上离开朋友家时所看到的时间，就是他抵家的正确时间了．

　　康德的心算本领非常高明，以上这些计算转眼即可完成，用不了半分钟．

联欢会中的女同学

毕业班的联欢会共有 100 名同学参加. 男同学先到会. 第一个到会的女同学与全部男同学握过手, 第二个到会的女同学只差 1 个男同学没握过手, 第三个到会的女同学只差 2 个男同学没握过手, 如此直到最后一个到会的女同学与 9 个男同学握过手. 问到会的女同学有几人?

如从第一个到会的女同学想起, 难以获解. 而反过来, 从最后一个到会的女同学与 9 个男同学握过手; 倒推倒数第二个到会的女同学与 10 个男同学握过手; 倒数第三个到会的女同学与 11 个男同学握过手; 依次直到第一个到会的女同学与全部男同学握过手. 从而可知, 男同学人数比女同学人数多 8 个人. 所以, 到会女同学人数为

$$（100-8）÷2=46（人）.$$

《算盘书》上的妙题

"在去罗马的路上，有七个老妇人，每人有七匹骡子；每匹骡子驮七个口袋；每个袋装七个大面包；每个面包带七把小刀；每把小刀有七层鞘. 请问：老妇人、骡子、口袋、面包、小刀和刀鞘，一共有多少？"

这是 13 世纪初意大利数学家斐波纳奇在他的《算盘书》上记载的趣题.

有人发现类似问题，在古埃及《兰德纸草书》上已有，因而上述数谜是一个十分古老的问题.

它的解答如一下：

老妇人	7
骡子	49
口袋	343
面包	2401
小刀	16807
刀鞘	117649
总数	137256

托尔斯泰的问题

　　列夫·托尔斯泰虽然是位伟大作家，但他一生喜欢做难题，而且经常有别出心裁的巧妙解法．下面就是他提出的一道趣题：

　　割草队要收割两块草地，其中的一块是另一块面积的两倍．全队在大块草地上收割半天之后，一半人继续留在大块草地上工作，另一半人转移到小块草地上．到了晚上，大块草地全收割完了，而小块草地却还剩下一小块未割．第二天，队里派出一个人，花了一整天时间才把小块割完．请问割草队中共有几人？

　　对于这类问题，通常都假定各人的工作能力是一样的．

　　托尔斯泰在解题时喜欢用图解法，本题也不例外，他先画出一个图，并且推理如下：

　　既然在大块草地上全体割草队员干了半天，全队的一半人又割了半天，这就很清楚，一半人在半天时间内收割了大块草地的 $\frac{1}{3}$ ．因此，在小块草地上半队人工作半天后，未割的草地面积为 $\frac{1}{2} - \frac{1}{3} = \frac{1}{6}$ ．根据题目条件，这剩下的 $\frac{1}{6}$ ，恰好是一个人一天的工作量．而第一天全队人员已收割完大块草地的全部以及小块草地大部（为大块草地的 $\frac{1}{3}$ ），即 $1 + \frac{1}{3} = \frac{4}{3} = \frac{8}{6}$ ．所以割草队总人数共有 $\frac{8}{6} \div \frac{1}{6} = 8$（人）．

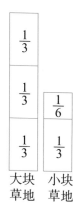

大块
草地　小块
草地

　　本题当然也可用代数解法，但它比较刻板，表现不出多少巧思．

分面包

三个旅游者在一个山顶上相遇．到了午餐的时候，丙请求说：

"两位朋友，眼看到了吃饭的时间，而我却没有带干粮，我本以为带了钱就可随时随地买到吃的，而在这个山顶上，钱再多也买不到东西，所以，我请两位朋友帮个忙．"

甲、乙两人一听，说"四海之内皆兄弟"，就倾其所有：甲一共带了 5 个面包，乙带了三个面包，拿出来大家平均分享．

吃完午餐，丙掏出 8 元钱给甲、乙两人作为膳费，由甲、乙两人自行分配．甲理所当然地拿走了 5 元，余下 3 元，乙也没有客气收下了．

聪明的读者，你认为这样分配膳费是否合理？

这样分配是不合理的．因为三人共吃了 8 个面包，平均每人吃了 $2\frac{2}{3}$ 个面包．乙有 3 个面包，自己吃掉了 $2\frac{2}{3}$ 个，支援丙 $\frac{1}{3}$ 个面包，就收到了 3 元钱；而甲自己吃了 $2\frac{2}{3}$ 个，支援丙 $2\frac{1}{3}$ 个，却只分到 5 元钱．这显然是不合理的．

正确的做法是先算出丙吃的面包数，这在前面已经算出，是 $2\frac{2}{3}$ 个．再算出这 $2\frac{2}{3}$ 个面包由甲、乙提供的比，前面也已算出，甲提供 $2\frac{1}{3}$ 个，乙提供 $\frac{1}{3}$ 个，两者的比是 $2\frac{1}{3}:\frac{1}{3}$，即 7：1．最后，将丙的膳费按 7：1 分配，即甲应收 7 元，而乙只应收 1 元．

猴子偷桃

一只猴子去桃园偷吃桃子，第一天偷了一株桃树上所有桃子的 $\frac{1}{10}$，以后八天，分别偷了当天现有桃子的 $\frac{1}{9}$，$\frac{1}{8}$，$\frac{1}{7}$，…，$\frac{1}{3}$，$\frac{1}{2}$。偷了九天，树上只留下了 20 个桃子，问这株桃树上原有桃子多少个？

猴子第一天偷了总数的 $\frac{1}{10}$；第二天偷了 $\left(1-\frac{1}{10}\right)\times\frac{1}{9}=\frac{1}{10}$；第三天偷了 $\left(1-\frac{2}{10}\right)\times\frac{1}{8}=\frac{1}{10}$ …… 第九天偷了 $\left(1-\frac{8}{10}\right)\times\frac{1}{2}=\frac{1}{10}$；第十天还剩下 $1-\frac{9}{10}=\frac{1}{10}$。实际上，每天偷吃的桃子数与最后留下的桃子数都是总数的 $\frac{1}{10}$，所以这株桃树上原有桃子数为

$$20\div\frac{1}{10}=200（个）.$$

五年级的男生

　　某校五年级有三个班级，每班学生数相等．五（1）班的女生数与五（2）班的男生数相等，五（3）班的女生数占三个班全部女生的 $\frac{2}{5}$，那么三个班级里的男生数占全部学生数的比例是多少？

　　我们不妨设每班人数为 n 人，一、三班的女生数分别为 x、y 人，那么

	男生数	女生数
五（1）班	$n-x$	x
五（2）班	x	$n-x$
五（3）班	$n-y$	y

　　因为五（3）班的女生数占三个班女生数的 $\frac{2}{5}$，所以 $y=\frac{2}{5}(x+n-x+y)$，即 $y=\frac{2}{3}n$. 从此，可知五（3）班男生数为 $n-\frac{2}{3}n=\frac{1}{3}n$. 三个班男生总数为

$$n-x+x+\frac{1}{3}n=\frac{4}{3}n,$$

　　男生占全部学生数的

$$\frac{4}{3}n:3n=\frac{4}{9}.$$

页码中有几个"1"?

一本书有 500 页，分别编上页码 1，2，3，…. 问数字 1 在页码中出现了多少次？

为了计数方便，可逐段思考：

1～99，可分为 1～9，10～19，…，90～99 十组，除 10～19 这一组中"1"出现了 11 次外，其余九组，都只出现 1 次，所以 1～99 中"1"共出现了 20 次.

100～199，与上一段 1～99 比较，百位数上出现了 100 次"1"，而个位、十位数情况与上段相同，即比上一段多出现了 100 次，总共出现了 120 次"1".

200～299，300～399，400～499 三段中出现"1"的次数都与 1～99 这一段相同，即各出现 20 次，500 这个数中没有出现"1". 所以 1～500 页码中共出现"1"

$$20 \times 5 + 100 = 200（次）.$$

进一步可以考虑以下两个问题：

（1）这本书一共使用了多少个数码？

（2）2、3、4 的使用次数，与 1 的使用次数是否一样？

请朋友们想一想吧！

福尔摩斯算题

  有一天大侦探福尔摩斯在华生医生家做客，两人站在开着窗户的客厅里聊天．从庭院里传来一群孩子的嬉笑声．

  客人问："请问您家有多少孩子？"

  主人答："那些孩子不全是我的．那是我和弟弟、妹妹、叔叔四家人的．我的孩子最多，弟弟次之，妹妹更其次，叔叔的孩子最少．他们不能按九人一队凑满两队，但四家的孩子数的积恰好等于我们房子的门牌号数，而这个数您是知道的．"

  客人说："让我试试，把每家的孩子数算出来．"

  经过一番计算，客人说："解这个算题，已知数据还嫌不够．请告诉我，叔叔的孩子是一个呢？还是不止一个？"

  主人做了回答，但回答的内容我们不知道．

  客人果然算出正确的答案．你能算出门牌号数和每一家的孩子数吗？

  这是国外流传的一道趣题．

  根据所给条件，可知：

  （1）由于凑不满每队九人的两个队，可见孩子总数少于 18 个．

  （2）四家的孩子数各不相同，如果叔叔家有 3 个孩子，则妹妹家至少有 4 个，弟弟家至少有 5 个，华生家至少有 6 个，那么四家孩子总数有 3+4+5+6=18（个），与前面的已知条件矛盾．所以叔叔家的孩子数只可能是 1 个或 2 个．

（3）按叔叔家有 2 个孩子，则各家孩子数可能情形如下（共 7 种）：

孩子数	和	积
2、3、4、5	14	120
2、3、4、6	15	144
2、3、4、7	16	168
2、3、4、8	17	192
2、3、5、6	16	180
2、3、5、7	17	210
2、4、5、6	17	240

（4）再按叔叔家有 1 个孩子，则各家孩子数可能情况如下（可只考虑积不小于 120 的情况，只有 4 种）：

孩子数	和	积
1、3、5、8	17	120
1、3、6、7	17	126
1、4、5、6	16	120
1、4、5、7	17	140

从（3）（4）分析，可知门牌号数肯定是 120，所以四家孩子数的可能情形，只有下列 3 种：

$$2、3、4、5， \quad 1、3、5、8， \quad 1、4、5、6.$$

可见如果叔叔家孩子数只有 1 人，则解不唯一，解还是肯定不下来，现在既然客人能回答得一点不差，所以四家孩子数必定是：叔叔家 2 个，妹妹家 3 个，弟弟家 4 个，华生家 5 个．

能选出几个孩子？

　　有 49 个小孩，每人胸前有一个号码，号码从 1 到 49 各不相同，请你挑选若干个小孩，排成一个圆圈，使任何相邻两个孩子号码数的乘积小于 100，你最多能挑选出几个孩子？

　　49 个小孩每人胸前一个号码，实际上每人代表一个数，从 1 到 49 共 49 个自然数．题目要求相邻两个孩子号码数的乘积小于 100，即相邻两数之积小于 100，所以相邻两个数不能都是两位数．在两个两位数之间，必须插入一个一位数．问题要求我们最多能挑选出多少个孩子，由于两个一位数之间最多只能插入一个两位，而一位数共 9 个：1，2，3，…，9，围成一圈，它们之间有 9 个间隔可以插入 9 个两位数．所以最多能挑选的孩子数不能超过 18 个．

还有几盏灯亮着?

一条长廊里依次装有 100 盏电灯,从头到尾编号 1,2,3,…,99,100. 每盏灯由一个拉线开关控制. 开始时电灯全部都关着.

有 100 个学生从长廊穿过. 第一个学生把号码凡是 1 的倍数的电灯的开关拉一下;接着第二个学生把号码凡是 2 的倍数的电灯的开关拉一下;第三个学生把号码凡是 3 的倍数的电灯的开关拉一下;如此继续下去,最后第一百个学生把号码是 100 的倍数的电灯开关拉一下. 100 个学生按此规定走完以后,长廊里的电灯还有几盏亮着?

如果一个学生一个学生依次想下去,会感到一团乱麻似地理不清. 但如果注意到电灯开始是关着的,最后只有开关被拉奇数次的灯才会亮着,而被拉偶数次的灯仍旧关着,那么问题就转化为 1 到 100 这 100 个自然数中,有几个数的约数个数是奇数.

可以证明:

当且仅当 n 为完全平方数时,它正约数个数是奇数(包括 1 与 n 本身在内).

例如 $36 = 2^2 \times 3^2$,它的正约数个数是

$$(2+1)(2+1) = 9 \text{(个)}.$$

所以电灯编号只有是完全平方数时,才有奇数个正约数.

100 以内的自然数中完全平方数有 1,4,9,16,25,36,49,64,81,100,共 10 个,所以还有 10 盏灯亮着.

将军的士兵

　　古时一位将军统率十万大军去作战. 战前清点士兵总人数的各位上的数字之和为17. 激战之后,统计伤亡总数,惊人地发现这个数字各位数上的数字之和仍为17. 生还的士兵排成9人一行,问最后一行人数是几人?

　　不妨设士兵总数不超过十万人,士兵总数万位、千位、百位、十位、个位上的数字分别为 a, b, c, d, e,则士兵总数为

$$N = 9999a + 999b + 99c + 9d + a + b + c + d + e$$
$$= 9999a + 999b + 99c + 9d + 17$$

　　一场激战中伤亡人数为 N',它的万位、千位、百位、十位、个位上的数字分别 a', b', c', d', e',则

$$N' = 9999a' + 999b' + 99c' + 9d' + 17$$

　　生还士兵总数为

$$N - N' = 9999(a-a') + 999(b-b') + 99(c-c') + 9(d-d'),$$

是9的倍数. 所以排成9人一行,最后一行必仍为9人.

　　上述问题中各数位上数字之和如果不是17,只要士兵总数和伤亡总数各位上的数字之和相同,问题的答案不变. 读者是容易证明的.

汽车的牌号

三个数学系的大学生走在马路上，发现一辆汽车的驾驶员粗暴地违反了交通法规，逃之夭夭．他们谁也没有记下四位数的汽车牌号，不过由于他们是学数学的，每人都注意到了这个四位数牌号的一些特点．一个人记得这个号码的前两位数字相同；另一个人记得它的最后两位数字也相同；第三个人记得这个四位数恰恰是一个数的平方．根据这些条件，你能确定汽车的牌号吗？

设所求四位数的第一位（或第二位）数字是 a，第三位（或第四位）数字是 b，则此四位数为

$$N = 1000a + 100a + 10b + b = 1100a + 11b = 11(100a + b).$$

可见它一定是 11 的倍数；又因它是一个完全平方数，故必为 11^2 的倍数，即 $100a + b$ 能被 11 整除，所以 $a + b = 11$。

由于 a、b 都是小于 10 的非负整数，且 N 是完全平方数，因此 b 只能是 0，1，4，5，6，9（如果个位数 b 不是这些数，就不可能是完全平方数），于是相应的 $a = 11$，10，7，6，5，2。其中 $(a, b) = (11, 0)$ 和 $(10, 1)$ 这两组不合题意．最后剩下的可能的数字为 $(7, 4)$、$(6, 5)$、$(5, 6)$、$(2, 9)$。可见汽车牌号当在下列四个数之中：7744，6655，5566，2299。容易看出后三个数都不是完全平方数，只有 $7744 = 88^2$，所以这辆汽车的牌号只能是 7744。

分家产

从前，有位财主死了，生前立下遗嘱："有 11 匹好马留给三个儿子，老大得 $\frac{1}{2}$，老二得 $\frac{1}{4}$，老三得 $\frac{1}{6}$．"三兄弟没有办法分，只好请人做主．这个人是个足智多谋的"阿凡提"．他二话没说，就把自己的一匹千里马牵了进来，与姐夫的 11 匹马加在一起，共有 12 匹马．这样一来就很好分了：老大分到 6 匹，老二 3 匹，老三 2 匹，三人刚好把老财主的 11 匹马分完了，而舅父的千里马仍物归原主．

又有一个守财奴死后要把 13 粒钻石留给三个女儿，规定大姐应得 $\frac{1}{2}$，二姐应得 $\frac{1}{3}$，三妹应得 $\frac{1}{4}$．由于 13 是个奇数，又不是 2、3、4 的公倍数，还是不好分配，只好去请教别人．这人一听，就说："好吧！我替你们做主，先拿掉一颗钻石作为我的'劳务费'吧．"三姐妹当然同意，剩下 12 粒钻石，就好分了．按照规定比例，大姐拿走 6 粒，二姐拿走 4 粒，三妹按照比例，应该分到 3 粒，可是台面上只剩下 2 粒了，她就哭了起来．这时这人说："我的劳务费不要了，还给你！"于是三妹破涕为笑．

为什么两人的做法不同呢？日本数学家，岩手大学名誉教授石川荣助先生经过研究，把类似的问题归纳为一个数学模型．设有 k 个儿子或女儿分配 n 件遗产，其父亲留下的遗嘱规定他们的分配比例是 p_1，p_2，…，p_k．通分以后，这些比例相应地是 $\frac{a_1}{m}$，$\frac{a_2}{m}$，…，$\frac{a_k}{m}$，则遗产的能否分割，决定于是否存在一

个补数 c，它应满足如下条件：

（1）$a_1 + a_2 + \cdots + a_k = n$；（2）$c = m - n$.

容易看出，在第一个例子中，$c = 1$，而在第二个例子中，$c = -1$. 至于 $c = 0$ 的情况也有，那就不存在什么疑难，兄弟姐妹们自己就能分配遗产，根本不需要替他们排忧解难．

苏步青的趣题

甲、乙两人同时从相距 100 千米的两地出发相向而行．甲、乙的速度分别是每小时走 6 千米与 4 千米．甲带了一条狗，狗每小时走 10 千米．狗与甲同时出发，碰到乙的时候立即掉转头往甲这边走，碰到甲时，又掉转头往乙那边走．这样往返走，直到甲、乙两人相遇为止．问这只狗一共走了多少路？

这是我国著名数学家苏步青教授有一次到德国去，碰到一位有名的数学家，两人一同坐电车，这位数学家即兴出给苏教授做的一道数学题．苏教授略加思索，未等下电车，就把答案 100 千米告诉了这位德国数学家．

原来苏教授是这样想的：要求狗走了多少路程，而已经知道狗的速度为每小时走 10 千米，只要知道狗一共走了多少时间，就可立即得到答案了．狗与甲同时出发，同时停止，甲走的时间就是狗走的时间．甲、乙两人从出发到相遇，共需要

$$100 \div (6+4) = 10 \, (小时),$$

所以狗走的路程是 $10 \times 10 = 100$（千米）．

部长的小轿车

部长每天固定时间出门，司机每天也固定时间开车来接．有一天部长想早一点到机关，提前出门，沿着小轿车的路线步行半小时后，碰上来接的小轿车，结果比平时早 10 分钟到达机关．如果步行速度和轿车速度都保持不变，问部长比平时提前多长时间出门，轿车速度是步行的几倍？

设部长家位于点 A，机关位于点 B，部长遇上轿车于点 C．不妨把轿车路线看作直线．

部长步行速度为 v（千米／分钟）．从 A 到 C 用半小时，则 $AC=30v$．部长在点 C 上轿车开回机关，因而轿车少走了 $2AC$ 距离，结果提前 10 分钟到达，所以轿车的速度是

$$2AC \div 10 = 60v \div 10 = 6v,$$

即是部长步行速度的 6 倍．

取部长与轿车相遇于点 C 的时间为标准，则轿车每天到达部长家的时间在标准时间之后 5 分钟；而部长出发时间在标准时间之前 30 分钟，所以部长提前 35 分钟出发．

这是趣味的行程问题．解答关键是按题意分析已知量与未知量之间的数量关系，选好计时的标准点，就不难获得正确答案．

元旦是星期几？

某年 1 月份有四个星期日，却有五个星期六，试问该年元旦是星期几？

1 月有 31 天，既然有四个星期日，却有五个星期六，所以 1 月的最后一天，即 1 月 31 日必为星期六.

因为 $31 - 4 \times 7 = 3$，所以 1 月 3 日也是星期六.依次倒推，1 月 2 日是星期五，元旦必是星期四.

星期几是一种周期现象，如果今天是星期一，则再过七天又是星期一；一般地，再过 $7n$（n 为自然数）天还是星期一.许多自然现象及生产中的实际问题也具有周而复始的规律，只要抓住这一规律，又善于运用数学语言，就易于获得解题的关键.

蔡勒公式

历史上一些重要事件发生在星期几？有办法推算吗？

1865 年 4 月 14 日，林肯总统到福特戏院观剧时，有个狂热的种族主义分子约翰·布斯竟然丧心病狂地向林肯开枪.次日清晨，林肯不治身亡.

读者能否不"百度"而推算出那天是星期几？蔡勒发明了一个"万能公式"：

$$W = \left[\frac{c}{4}\right] - 2c + y + \left[\frac{y}{4}\right] + \left[\frac{26(m+1)}{10}\right] + d - 1,$$

其中 W 是所求日期的星期数，如大于 7，就可减去 7 或其整倍数；c 是年份的前两位数，y 是所求年份的后两位数，m 是月，d 是日.方括号则表示只取括号内数字的整数部分.还有一个特别要注意的地方，所求的月份如果是 1 月或 2 月，则应视为上一年的 13 月或 14 月，所以公式中 $3 \leqslant m \leqslant 14$.

现在就可用此公式来推算林肯被刺的那天是星期几.令 $c = 18$，$y = 65$，$m = 4$，$d = 14$，可算出 $W = 75$（减去 7 的 10 倍后得数为 5），所以那一天是星期五.

不过，蔡勒公式只适用于 1582 年 10 月 15 日之后的情形.罗马教皇曾将 1582 年 10 月 5 日至 14 日之间的 10 天撤销了，10 月 4 日之后即为 10 月 15 日.

岩堀公式

已知某人的出生日期，怎样推算他的精确年龄（精确到天数）？

在襁褓中的婴孩，人们总喜欢问："小宝宝几个月了？"人一长大，就觉得无所谓了．历史名人的年龄差错比比皆是．但是随着科学的进步，刑事、法律、法医、公证等方面却又往往需要精确地算出人的年龄，而不只是几岁．

日本数学家岩堀长庆精擅天文历法，他发明了一个十分简单的推算公式：

$$N=\left[\frac{1461\times y}{4}\right]+\left[\frac{153\times m-7}{5}\right]+d-\left[\frac{1461\times y_0}{4}\right]-\left[\frac{153\times m_0-7}{5}\right]-d_0+1.$$

这个公式的意思是：

如果某人出生于 $19y_0$ 年 m_0 月 d_0 日，那么到 $19y$ 年 m 月 d 日为止，他在世上生活了 N 天．

在套用公式时，应注意 m 的取值范围为 $3 \leqslant m \leqslant 14$，即 1 月与 2 月应看作上一年的 13 月与 14 月．另外，"[ ]" 即是常用的取整符号，例如 $[7.52]=7$．

岩堀先生以他自己为例，他出生于 1926 年 10 月 1 日，到 1977 年 12 月 31 日《数理科学》杂志发表他公式时，实际年龄是多少？

让我们代入公式，可以算出：

$$N=18720（天），$$
$$18720\div365=51.28（岁）.$$

高斯的日记

著名数学家高斯在他自己的日记里，"日期"只有"日"，而没有"年"和"月"．

1799 年 7 月 16 日，高斯通过了博士论文答辩，他把这一天记成"8113"，即离出生日 8113 天．请问高斯是哪年、哪月、哪日生？

因 8113 中含有 22 个 365 天，还余 83 天，所以高斯出生的年份是在 22 年前，即 1777 年．

从 1777 年到 1799 年中，1780、1784、1788、1792、1796 年是闰年，所以 1799 年 7 月 16 日与高斯的出生日相距 22 年 78 天．所以，高斯的生日应是从 7 月 16 日上溯 78 天．7 月 16 天，6 月 30 天，5 月 31 天，这样共 77 天，于是可知高斯生日是 4 月 30 日．

"紧箍咒"

孙悟空戴上"紧箍"保护唐三藏去西天取经．唐三藏每念一句咒，"紧箍"就缩短全长的 $\frac{1}{100}$．如果悟空脑袋的直径为20cm，那么唐三藏念五句咒语，"紧箍"的直径将缩短为多少厘米？

在没有念咒时，"紧箍"直径与孙悟空脑袋直径一样大，故 $d=20\text{cm}$．设念了五句咒以后，"紧箍"的直径变为 d'．按题意，有

$$\pi d - \pi d' = \pi d \times \frac{5}{100}, \quad d' = \frac{19}{20}d = 19\text{cm}$$

这样，"紧箍"的直径从 20cm 缩短到 19cm 了．

手指计算器

一双手，小时候可以帮助我们数数，做加减法，用处可不小．这里介绍用手指来做一位数与 9 的乘法．

例如，4×9.

先将双手手指全部伸出，从左数起数到 4，将第四个手指弯下，这时这个手指的左边有 3 个手指，右边有 6 个手指，则 $4 \times 9 = 36$.

你试一下，灵不灵？同时想一想这又是什么道理呢？

设 a 为 1，2，…，9 中的一个数．$a \times 9$ 可以看成

$$a \times 9 = a \times (10-1) = a \times 10 - a = (a-1) \times 10 + (10-a).$$

可见 $a \times 9$ 的十位数字是 $a-1$，即第 a 个手指弯下后，其左边部分的手指数；$a \times 9$ 的个位数字是 $10-a$，即第 a 个手指弯下后其右边部分的手指数．

3   6

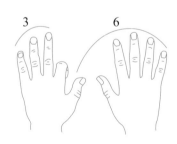

数手指

如果一边计数一边如图示那样数手指，问 1993 落在哪个手指上？

这个问题不难解决．因为这样数手指，八个数为一个循环所以可将 1993 除以 8，余数为 1，可见 1993 与 1 所对应的手指是一样的，即 1993 落在大拇指上．

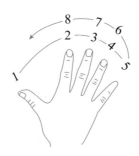

窍门在哪里？

老师给全班同学出了个连乘的题目："每人任意写一个三位数，乘 13，再乘 11，最后乘 7，看谁算得快！"小红不到 30 秒钟就算出来了，你说他掌握的"窍门"在哪里？

平时注意知识积累的人，可能已经发现：

$$13 \times 11 \times 7 = 91 \times 11 = 1001.$$

因此任何三位数用 13 乘，再用 11 乘，再用 7 乘，等于这个三位数乘以 1001. 例如，

$$729 \times 13 \times 11 \times 7 = 729 \times 1001 = 729729.$$

一般地说，三位数 xyz 乘以 $13 \times 11 \times 7$，即得 $xyzxyz$.

平时学习中重视积累经验，是提高思维敏捷性的有效措施之一.

无字天书

图中的算式一个数字都没有，只剩一个空架子．怎样把它们"算"出来？

有一天，小明的数学老师徐老师在文具店里买了几样商品，这几样东西价格相同；出来后又想起来没买笔记本，她又买了笔记本，总价不到 100 元．她忽然想出一个算式（以人民币"元"为单位）：

在算式中，每个五角星表示一个数，共有九个五角星，正好是从 1 到 9，既不重复，也不遗漏．

好多小朋友认为这个式子里连一个数字都没有，未知数太多了，好像是"无字天书"，怎能推算得出？

可是小明认为所给的这点儿信息已经足够了，而且答案还是唯一的．

根据题目的条件可以判定，乘数与被乘数的末位不可能是 5 或 1，否则积的末位数将出现 0 或发生数字重复现象．其次，乘数绝不能是 9，如不然，则最小的被乘数 12 与 9 的乘积也将是个三位数．另外，乘数也不可能是 8，因为 $12 \times 8 = 96$，再加上个二位数，要想不超过 100，那是不可能的．

现在小明已经排除了好几只"拦路虎"，按照这条路思索下去，即可发现本题的答案：

$$
\begin{array}{r}
17 \\
\times\ 4 \\
\hline
68 \\
+\ 25 \\
\hline
93
\end{array}
$$

"叮叮咚咚"的等式

清代学者俞樾先生曾为杭州有名的风景九溪十八涧写过一首脍炙人口的诗:

> 重重叠叠山,
>
> 曲曲环环路;
>
> 叮叮咚咚泉,
>
> 高高下下树.

这首诗曾经挂在西泠印社吴昌硕先生的纪念堂里. 可是,有趣的是,在我们吟诵之后,如果把它改写成下面的加法竖式,它竟然有一些"整数解". 诗句居然有算式与之对应,这恐怕是当年作者自己也想不到的吧?

$$
\begin{array}{r}
重 \\
+\ 重叠 \\
\hline
叠山
\end{array}
\qquad
\begin{array}{r}
曲 \\
+\ 曲环 \\
\hline
环路
\end{array}
$$

$$
\begin{array}{r}
叮 \\
+\ 叮咚 \\
\hline
咚泉
\end{array}
\qquad
\begin{array}{r}
高 \\
+\ 高下 \\
\hline
下树
\end{array}
$$

可以看出,这四个加法等式,都可以用一个统一模式来表示,即:

$$
\begin{array}{r}
A \\
+\ AB \\
\hline
BC
\end{array}
$$

这个算式的四个解答是：

$$
\begin{array}{r} 5 \\ +56 \\ \hline 61 \end{array}
\qquad
\begin{array}{r} 6 \\ +67 \\ \hline 73 \end{array}
\qquad
\begin{array}{r} 7 \\ +78 \\ \hline 85 \end{array}
\qquad
\begin{array}{r} 8 \\ +89 \\ \hline 97 \end{array}
$$

有句名言说："数学是大千世界的永恒语言."

七 7 呈奇

一个十位数除以六位数，正好除尽，商为五位数．在全部草式中，绝大多数地方的数字都看不清了，只有七个 7 字像"胡椒"般散布在各处．它们的巧妙分布方式使得人们有可能运用正确的逻辑推理手段，恢复全部算式的本来面目．

$$
\begin{array}{r}
X X 7 X X \\
X X X X 7 X \overline{)X X 7 X X X X X X X} \\
\underline{X X X X X X} \\
X X X X X 7 X \\
\underline{X X X X X X X} \\
X 7 X X X X \\
\underline{X 7 X X X X} \\
X X X X X X X \\
\underline{X X X X 7 X X} \\
X X X X X X \\
\underline{X X X X X X}
\end{array}
$$

最容易的解决办法当然是设法编制一个程序，在计算机上进行"搜索"．但这不符合出题者的意图，而且，此题在 1906 年提出时，也还没有发明电子计算机呢．

这要求解题者具备细致、周密的观察与推理能力．比如说，第一个突破口是除数的首位数字必须是 1，因为草式的第六行表明，除数与 7 相乘后只有六位数，如果除数的首位是 2，那就非得有七位不可．

经过冗长而复杂的"步进式"推理过程，终于可以得到本题的唯一答案是：$7375428413 \div 125473 = 58781$．

孤独的 7

　　下面是个直式除法，只知道商的千位数字是 7，试根据算式，将其余数字求出来.

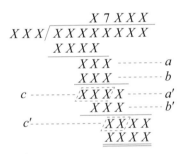

　　首先，商的十位数字应是 0，这是因为除到那个时候，被除数的十位、个位数字一起移下去了.

　　其次，商的万位及个位数字与除数的积有四位，而商的百位数字与除数的积只有三位，可见，商的万位及个位数字都比百位数字大.

　　第三，7 与除数的积是三位数（暂记为 b），商的百位数字与除数的积也是三位数（暂记为 b'）看来难以比较 b 与 b' 的大小. 但是，与 7 相应的减法是一个三位数（暂记为 a），减去 b，差为一个三位数（暂记 c）；而与商的百位数字相应的减法是一个四位数（暂记 a'），减去 b'，差为一个两位数（暂 c'）. 我们列出这两个减法的模式：

$$a - b = c, \hspace{4em} ①$$

32

$$a' - b' = c',$$

其中 $a < a'$，$c > c'$，将①式减去②式得

$$(a - a') + (b' - b) = (c - c'),$$

$$(b' - b) = (c - c') + (a' - a) > 0.$$

可见 $b' > b$，由此可推得商的百位数字又比 7 大.

这样一分析，不难知道，商的百位数字是 8；而商的万位、个位数字是 9. 于是得出商是 97809.

最后，我们来确定除数. 注意商的百位数字 8 与除数的积（b'）是三位数，可以知道，除数不能超过 124. 再看一下最后一个减法，是四位数减四位数，其中被减数的前两位（c'）不可能大于 12，否则，商的个位数字不可能是 0 了. 而这 c' 是前面的一个减法（四位数 a' 与三位数 b'）的差，a' 至少是 1000，$c' \leqslant 12$，那么可以得出结论，b' 至少是 988. 所以，除数至少是 124. 于是，可以断言，除数就是 124.

这样一来，这个直式除法中的各个数字都可一一求出.

别出心裁的除法

冯·诺伊曼是 20 世纪杰出的数学家，原籍匈牙利．他是一位速算天才．罗伯特·容克在其著作《比一千个太阳还亮》中写道："1944 年，他在洛斯·阿拉莫斯实验室研究制造原子弹．当时与他共事的有费米、范曼等一流学者．他们这几个人喜欢竞赛，当要做一个复杂的计算时，立即一跃而起．冯·诺伊曼总是用心算，但是第一个算出来的人几乎总是他．"

下面以 1÷19 为例，请看他是怎样做除法的．

先用普通办法算一算，我们得到的结果是：

$$1 \div 19 = 0.052631578\cdots$$

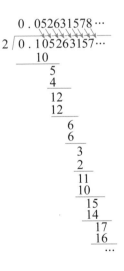

而冯·诺伊曼的除法算草却是：先将 0.1÷2，然后把所得的商数转移到被除数上，继续除以 2，这样连续做下去（如右面算式所示），就可得到与普通算法同样的结果．

谁都知道除数为 2 的除法极其容易，完全可以通过心算迅速求出答案．

冯·诺伊曼是一个非常谦虚的人，从不摆"大学者"的架子，上面这个别出心裁的速算方法，就是向比他名望小得多的新西兰人艾肯先生学来的．

"荒谬"却正确的等式

在进行分式运算时，随便略去幂指数似乎是一种不能原谅的错误，但是答案居然十分正确. 有这种可能性吗？

老师看到一位同学在做恒等变换演算时，写下了如下一串等式：

$$\frac{37^3+13^3}{37^3+24^3}=\frac{37+13}{37+24}=\frac{50}{61},$$

不禁非常生气. 他立即在作业本上打了个大"×".

岂知这位同学跑来质问，坚持说他的做法是对的，老师不相信，做了几遍，发现这个答案 $\frac{50}{61}$ 果然一点不错. 这下子，着实使老师惊奇起来.

经过仔细研究，发现这位同学的做法，不但最后答案正确，而且简直无懈可击，一串等号，个个都是成立的！

也许你会说，这些数字是硬凑出来的，只是碰巧而已，事实并非如此.

原来，
$$\frac{a^3+b^3}{a^3+(a-b)^3}=\frac{a+b}{a+(a-b)}.$$

可见，符合条件的 a 与 b 多得不胜枚举！所以，你们切勿认为恒等变换是数学里的"白开水"，平淡无奇. 只要认真钻研，照样趣味无穷.

为什么少了一元钱？

一个摊主卖贺年片．甲种贺年片，1元钱2张；乙种贺年片，1元钱3张．上午，摊主很吃力地卖完了甲种贺年片30张和乙种贺年片30张，共得25元．下午，摊主又把30张甲种贺年片和30张乙种贺年片放上了货架．他心想，两种贺年片搭配起来可能出售得快一些．因为原来甲种贺年片1元2张，乙种贺年片1元3张，所以，他把价格定为2元5张．60张贺年片很快售完了，但一数，只得了24元．怎么会少了一元钱呢？他怎么也想不通．

我们把问题一般化．设甲种贺年片1元钱a张，每张单价是$\frac{1}{a}$元，乙种贺年片1元钱b张，每张$\frac{1}{b}$元．那么，贺年片的平均价为每张$\frac{1}{2}(\frac{1}{a}+\frac{1}{b})$元．

如果将两种贺年片合起来按一个价格卖，那么$a+b$张贺年片就应卖2元钱，贺年片平均价为每张$\frac{2}{a+b}$元．

要使单卖和合卖的总收入相同，应有

$$\frac{1}{2}(\frac{1}{a}+\frac{1}{b})=\frac{2}{a+b},$$

即

$$\frac{a+b}{2ab}=\frac{2}{a+b}. \tag{*}$$

化简，得

$$(a+b)^2=4ab,$$

即

$$(a-b)^2=0.$$

可见，这个等式仅在$a=b$时成立．还可证明，当$a \neq b$时，上面（*）式的左端大于右端，即合起来卖就要赔钱．

本题中$a=2$，$b=3$，$a \neq b$，所以合起来卖要赔钱．

分数擂台赛

小明在速算方面很有功夫.一天,他贴出一张"分数擂台"的告示:

谁能在一分钟内算出下列分数之和,有重奖.

$$\frac{7}{9}+\frac{7\times6}{9\times8}+\frac{7\times6\times5}{9\times8\times7}+\cdots+\frac{7\times6\times5\times4\times3\times2\times1}{9\times8\times7\times6\times5\times4\times3}.$$

大家觉得,这些数字不像是随便取的,似乎很有规律,然而项数挺多,如果按照常规步骤:约分,通分,求和……算起来相当困难,哪能在短短一分钟内完成?不要说人,就连输入计算机,也办不到.岂知小明眨一眨眼,马上道出了答数:$\frac{7}{3}$,经过别人验算,该式等于

$$\frac{7}{9}+\frac{7}{12}+\frac{5}{12}+\frac{5}{18}+\frac{1}{6}+\frac{1}{12}+\frac{1}{36}=\frac{168}{72}=\frac{7}{3},$$

其值果然一点不差.

听过高斯速算故事的人,总想把高斯的方法同它挂上钩,可是却不灵.

后来有位数学老师作出了解释.不妨设想袋中有 10 只球,其中 3 只是白球.你蒙着眼睛,随便从中摸 1 只,摸出白球的概率,不是正好等于 $\frac{3}{10}$(记作 p_1)吗?如果摸出来的球,不放回口袋中去,那么你第一次摸不到白球,而在第二次摸到的概率也是不难算出的,它肯定是 $p_2=\frac{7}{10}\times\frac{3}{9}=\frac{7}{30}$.其他 p_3,p_4,…,也可类似地算出.但是这一过程不可能无限制地继续下去,因为终究

有一个时刻，口袋中只剩下 3 只白球了，那时随便摸一只，当然必定是白球．这种情况，定将在第八次摸球时达到，即

$$P_8 = \frac{7 \times 6 \times 5 \times 4 \times 3 \times 2 \times 1 \times 3}{10 \times 9 \times 8 \times 7 \times 6 \times 5 \times 4 \times 3}.$$

把这 8 个概率加起来，肯定就等于 1.

再把数据代入并移项，即可证明

$$\frac{7}{9} + \frac{7 \times 6}{9 \times 8} + \cdots + \frac{7 \times 6 \times 5 \times 4 \times 3 \times 2 \times 1}{9 \times 8 \times 7 \times 6 \times 5 \times 4 \times 3} = \frac{10}{3} - 1 = \frac{7}{3}.$$

利用"摸球不放回"的想法，可以证明下列恒等式：

设 $A > a$，则

$$\frac{A-a}{A-1} + \frac{(A-a)(A-a-1)}{(A-1)(A-2)} + \cdots + \frac{(A-a)(A-a-1)\cdots 2\cdot 1}{(A-1)(A-2)\cdots(a+1)\cdot a} = \frac{A}{a} - 1.$$

这便是分数擂台的擂主小明所依据的速算原理．

三个9

我国著名数学家谷超豪在中学时，数学老师曾给他做过这么一道题：

用三个 9 组成一个最大的数是什么数？

谷超豪正确地回答出 9^{9^9}，此数实质上是指 $9^{(9^9)}$.

按一般思路，这道题大致有下面这些猜想：999，99^9，9^{99}，$(9^9)^9$，9^{9^9} 借用对数可以较快地鉴别它们的大小.

$$\lg 999 \approx \lg 1000 = 3,$$

$$\lg(99^9) = 9 \cdot \lg 99 \approx 9 \cdot \lg 100 = 18,$$

$$\lg(9^{99}) = 99 \cdot \lg 9 \approx 99 \cdot \lg 10 = 99,$$

$$\lg(9^9)^9 = 9 \cdot \lg(9^9) = 81 \cdot \lg 9 \approx 81,$$

$$\lg(9^{9^9}) = 9^9 \cdot \lg 9 \approx 9^9 > 99.$$

这些对数中，$\lg(9^{9^9})$ 最大，所以相应的真数 9^{9^9} 最大.

如果按大小将它们排起来，有

$$9^{9^9} > 9^{99} > (9^9)^9 > 99^9 > 999.$$

棋盘与谷粒

相传，古印度国王为了奖励发明象棋的人，许以重赏．但是发明人却只要谷粒：在象棋盘的第一格里放 1 粒谷子，第二格放 2 粒谷子，第三格放 2^2 粒……第 64 格放 2^{63} 粒．

国王听了哈哈大笑，说："你的要求太低了，你一定会得到这些奖励的．"

亲爱的读者，这样奖励的谷粒共有多少？你认为国王能拿得出来吗？

设谷粒总数为 S，则

$$S = 1 + 2 + 4 + 8 + \cdots + 2^{63},\qquad ①$$

① ×2 得，

$$2S = 2 + 4 + 8 + \cdots + 2^{63} + 2^{64},\qquad ②$$

②−①，得

$$S = 2^{64} - 1 = 18,446,744,073,709,551,615（粒）.$$

这是一个庞大的数字．这么多的谷子，远远超过全国的总收成，国王当然拿不出来．

本题中每一格里的谷粒数，依次可排成

$$1，2，4，8，\cdots，2^{63}.$$

这一数列的每一项都是前项的 2 倍，这种数列叫等比数列．

买果品

"远望巍巍塔七层，红光点点倍加增，共灯三百八十一，试问尖头几盏灯."这是一首诗，也是一道很好的数列题.

更为奇妙且不可思议的是，这道题曾给一位五岁的小女孩来猜，她还在幼儿园里，只会做加法，根本不懂什么数列，然而在充分理解题意后，居然算出宝塔尖上应有三盏灯.这是千真万确之事：

$$3+6+12+24+48+96+192=381.$$

有时，诗歌与韵文、谜语相结合，那就更有趣了.

一个顾客到果品商店（兼售干果与水果）买东西，营业员问："你要买些什么？"顾客笑笑："要买有肉无骨，有骨无肉，肉包骨头，骨头包肉."“每样各买多少？”"一两半，二两半，三两半，四两半，再加八两，请你算."（1斤＝500克，1两＝50克）

营业员十分聪明，略做思索，便把香蕉、去皮甘蔗、枣子和核桃四样东西，各称二斤，包装整齐后交给这位俏皮顾客.于是顾客大喜，就问他："这许多东西一共要多少钱呢？"营业员笑着回答："一二三，三二一，一二三四五六七，七加八，八加七，九加一十加十一，还得乘以七的平方再加一."顾客又问："请教货币单位是什么？"营业员答道："是人民币的'角'."顾客笑了一笑，他付了多少钱，请读者算一算.

$$[(1+2+3)\times 2+(1+2+3+4+5+6+7)+(7+8)\times 2+(19+11)]\times(7^2+1)$$
$$=100\times 50=5000（角）=500（元）.$$

十把钥匙十把锁

一个实验室里有十只橱，用十把锁锁着，但十把钥匙很相像，管理员又忘了编号．当然一把钥匙只能开一把锁，不能混用．从最坏的情况着想，问至少要试开几次才能使十把锁都打开？

如果用每把钥匙去试开每一把锁，最多要试开 $10 \times 10 = 100$ 次．但实际上不需如此，第一把锁最多试 10 次一定能打开，第二把锁最多试 9 次一定能打开……第十把锁只要开一次就能打开．所以只需

$$1 + 2 + 3 + \cdots + 9 + 10 = 55（次）．$$

斐波纳契数列

  有一对刚出生的小兔子，一个月后，长成大兔；再过一个月，生出了一对小兔．三个月过后，大兔又生一对小兔，而原先的小兔长成了大兔……总之，每过一个月小兔可以长成大兔，而一对大兔，每一个月总生出一对小兔，并且不发生死亡，问这样过了一年，共有多少对兔子？

  我们画出下图，以便寻找兔子数的规律．图中实心圆表示小兔，空心圆表示大兔．

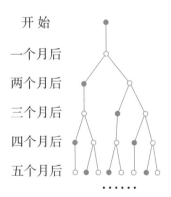

开始

一个月后

两个月后

三个月后

四个月后

五个月后

……

  显然，某月后的兔子数，总由两部分组成：大兔数和小兔数．而当月的小兔数，就是上月的大兔数，因为上月有多少对大兔，下月就有多少对小兔；而当月的大兔数，则是上月兔子总数，因为不管大兔、小兔，到下个月都是大兔．根据这一结论，又可知道，上月的大兔数，是前月的兔子总数．所以，当月的兔子数等于上月的兔子数加上上月的大兔数,也就等于上月的兔子数加上前月的兔子数.

于是,不难写出开始、一个月后、两个月后……十二个月后的兔子对数:

1,1,2,3,5,8,13,21,34,55,89,144,233. 所以,本题的答案是 233 对.

这个数列叫斐波纳契数列,1228 年由意大利数学家斐波纳契首先提出. 它的第一、第二项为 1,而从第三项起每一项等于它的前两项之和,写成一般形式就是

$$F_{n+2} = F_n + F_{n+1} \ (n = 1, \ 2, \ \cdots).$$

斐波纳契数列不但有趣,而且很有用处. 它的前 n 项的和 $S_n = F_{n+2} - 1$,并且数列中前后两项之比 $F_n : F_{n+1}$,当 n 越来越大时其比值逼近

$$\frac{\sqrt{5} - 1}{2} \approx 0.618.$$

斐波纳契数列与循环小数

由一对兔子繁殖问题而衍生出来的斐波纳契数列是数学中的一个热门话题．许多问题都与它有关，例如五角星绘制、黄金分割等．

日本学者西山辉夫等发现，它竟然同循环小数也有关系．我们知道，从第三项起，斐波纳契数列中的任一项等于前两项之和，写成通项公式，

即
$$F_{n+2} = F_{n+1} + F_n.$$

设 $F_0 = 0$，$F_1 = 1$，马上就可以写出一串斐氏数来：0，1，1，2，3，5，8，13，21，…

就像是牛顿偶然因苹果落地而发现万有引力一样，一位数学爱好者把这些数依次向右挪一位相加起来（如下式），于是发现，其和趋近于分数 $\frac{1}{89}$，所取项数越多，结果越正确．

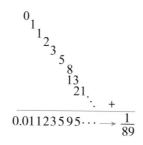

这使他大为惊奇，下决心继续研究．下一步，他把该数列中的项，间隔一位地取出来，然后再错位相加（如下式），结果是趋近于 $\frac{1}{71}$．

笔记栏

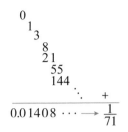

斐波纳契数列与循环小数之间的奇妙联系，可说是一种美妙的自然规律．人们发现，如令

$$\alpha = \frac{1+\sqrt{5}}{2}, \ \beta = \frac{1-\sqrt{5}}{2},$$

则斐波纳契数列的通项公式可以表示为

$$F_n = \frac{\alpha^n - \beta^n}{\alpha - \beta}.$$

再结合数学分析中的极限理论，就可以使这两种表面上看起来毫无瓜葛的数学内容联系起来！

研究并发现自然规律，这是人类独有的一种精神享受．由它而产生的满足，是一切物质欲望所不能比拟的．

酒坛堆垛

酒店门口堆着一堆酒坛.最上层1只,第二层4只,第三层9只……一共有十层.问这堆酒坛一共几只?

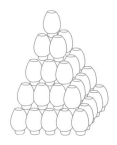

实际上,这个问题就是要求:
$$1+4+9+\cdots+100=1^2+2^2+3^2+\cdots+10^2=?$$

因为 $\qquad 11^3=(10+1)^3=10^3+3\times10^2+3\times10+1,$

所以 $\qquad 11^3-10^3=3\times10^2+3\times10+1.$

同理, $\qquad 10^3-9^3=3\times9^2+3\times9+1,$

$\qquad\qquad 9^3-8^3=3\times8^2+3\times8+1,$

$$\cdots\cdots$$

$\qquad\qquad 2^3-1^3=3\times1^2+3\times1+1.$

将上面这些式子两边分别相加,得

$11^3-1^3=3\times(1^2+2^2+3^2+\cdots+10^2)+3\times(1+2+3+\cdots+10)+10.$

而
$$1+2+3+\cdots+10=\frac{10\times(10+1)}{2}=55,$$

于是

$$1^2+2^2+3^2+\cdots+10^2=\frac{1}{3}\times(11^3-1^3-3\times55-10)=385.$$

也就是说，这堆酒坛共有 385（只）.

上面的演算过程可推广到一般情况：

$$1^2+2^2+3^2+\cdots+n^2=\frac{1}{6}n(n+1)(2n+1).$$

我国宋代科学家沈括，曾研究过多种形状的酒坛堆，最普通的一种是每层酒坛摆成一个长方形，每上一层比下一层的长、宽各少一个．假如最下一层的长为 c 只，宽为 d 只，而最上一层的长、宽各为 a 只和 b 只，共有 n 层，问总共有几只酒坛？沈括经过反复研究，得出这种长方垛的总数为

$$\frac{n}{6}\left[(2b+d)a+(b+2d)c+(c-a)\right].$$

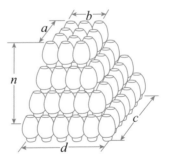

前面提到的方锥垛是长方垛的特例．

砝码问题

用五只砝码（重量为整数克），能不能在天平上称出 1 克至 121 克的物品？如果能的话，这五只砝码应重几克？

用 1 克、3 克、9 克、27 克、81 克五只砝码就可以在天平上称出 1 克至 121 克的物品．1 克的物品，显然可以秤出．对 2 克的物品，可在放物品的盘中，放一只 1 克的砝码，在另一盘中放 3 克的砝码，那么物品就是（3－1）克．3 克的物品当然也没问题．对 4 克的物品，可用 1 克和 3 克两个砝码秤出．对 5 克的物品可在放物品的盘中放 1 克和 3 克两个砝码，在另一盘中放 9 克的砝码，这样的物品重就是 9－3－1＝5（克）．

这样推下去，我们可以知道：任意一个正整数都可以表示为 1，3，3^2，3^3，3^4，…这些数的代数和．下面略举数例：

$$82 = 3^4 + 3^0 = 81 + 1,$$
$$83 = 3^4 + 3 - 3^0 = 81 + 3 - 1,$$
$$84 = 3^4 + 3 = 81 + 3,$$
$$85 = 3^4 + 3 + 3^0 = 81 + 3 + 1,$$
$$\cdots\cdots$$
$$95 = 3^4 + 3^3 - 3^2 - 3 - 3^0 = 81 + 27 - 9 - 3 - 1,$$
$$\cdots\cdots$$
$$100 = 3^4 + 3^3 - 3^2 + 3^0 = 81 + 27 - 9 + 1.$$

这个问题与三进制数有关．

牛顿牧场问题

有三片牧场，场上的草是一样密的，而且长得一样快，它们的面积分别是：$3\frac{1}{3}$ 公顷、10 公顷、24 公顷（1 公顷 = 10000 平方米）. 第一片牧场饲养 12 头牛，可以维持 4 个星期；第二片牧场饲养 21 头牛，可以维持 9 个星期. 问在第三片牧场上饲养多少头牛，可以维持 18 个星期？

这道题源于牛顿的《普遍算术》，但并非牛顿个人想出来的.

设每公顷原有草 a 千克，每星期每公顷长出草 b 千克，则第一片牧场 4 星期内原有草与新长出的草的总和为：

$$3\frac{1}{3}a+\left(4\times3\frac{1}{3}\right)b=\frac{1}{3}(10a+40b)=\frac{10}{3}(a+4b).$$

每头牛每星期吃草的质量为：

$$\frac{10}{3}(a+4b)\div(12\times4)=\frac{5}{72}(a+4b).$$

第二片牧场 9 星期内原有草与新长出的草的总和为

$$10a+(9\times10)b=10(a+9b)$$

每头牛每星期吃草的质量为

$$10(a+9b)\div(9\times21).$$

所以，$$\frac{5}{72}(a+4b)=\frac{10}{9\times21}(a+9b).$$

由此，可得出 $$a=12b.$$

所以，每头牛每星期吃草 $\dfrac{10}{9}b$（千克）.

设第三片牧场饲养牛 x 头，则每头牛每星期吃草：

$$[24a+(18\times24)b]\div18x=\dfrac{24\times30}{18x}b,$$

即

$$\dfrac{24\times30}{18x}b=\dfrac{10}{9}b.$$

$$x=36（头）$$

上述解法中，引入两个辅助未知数 a、b，是为了把用语言描述的数量关系"翻译"成代数语言，这是解应用题常用的方法.

走了多少路？

一位旅行者从下午三点步行到晚上八点．他走的先是平路，然后爬山，到了山顶以后就循原路下坡，再走平路，回到出发点．已知他在平路上每小时走 4 千米，爬山时每小时走 3 千米，下坡每小时走 6 千米，回到平地还是每小时走 4 千米．请问旅行者一共走了多少路程？

有人认为这个题目是缺少条件的，做不出来．然而还是有人把它解决了．

本题要利用一个辅助未知数．设 x 为旅行者走过的全部路程，y 为他上坡（或下坡）走过的路程．整个行程可分成四段：走平路、上坡、下坡、再走平路．现在容易看出，他开始走平路所花的时间是

$$\frac{\frac{1}{2}x-y}{4}（小时）;$$

上坡所花时间是 $\frac{y}{3}$（小时）；下坡所花时间是 $\frac{y}{6}$（小时）；再走平路所花时间是

$$\frac{\frac{1}{2}x-y}{4}（小时）.$$

根据题意可列出方程：

$$\frac{\frac{1}{2}x-y}{4}+\frac{y}{3}+\frac{y}{6}+\frac{\frac{1}{2}x-y}{4}=5$$

在方程左边整理化简时，未知数 y 被巧妙地消去了，于是原方程变为

$\dfrac{1}{4}x = 5$，即 $x = 20$ 千米．

所以旅行者一共走了 20 千米路，可是分段路程究竟走了多少，那是无法确定的，所以这是一个奇妙的题目，体现了出题者的哲学思想——总体可探知，而细节难捉摸．

丢番图的生平

　　丢番图是古希腊数学家．关于他的生平经历，我们所知甚少．相传，他墓碑上的墓志铭完全是一道数学题：

　　过路人！这儿埋着丢番图的骨灰．下面的数目可以告诉你，他的寿命究竟有多长．

　　他一生的六分之一是幸福的童年．

　　再活了十二分之一，面颊上长起了细细的胡须．

　　丢番图结了婚，还没有孩子，又度过了一生的七分之一．

　　再过五年，他感到很幸福，得了头一个儿子．

　　可是命运给这孩子在这世界上的光辉生命仅有他父亲的一半．

　　打从儿子死了以后，这老头儿在深深的悲痛中活上四年，也结束了尘世的生涯．

　　请告诉我，丢番图究竟活到多大岁数？

　　根据碑文，我们容易列出下列简单方程：

$$x = \frac{x}{6} + \frac{x}{12} + \frac{x}{7} + 5 + \frac{x}{2} + 4,$$

　　于是可解出　　　　　　　　　　　$x = 84.$

黑蛇进洞

一条长 80 安古拉（古印度长度单位）的大黑蛇，以 $\dfrac{5}{14}$ 天爬 $7\dfrac{1}{2}$ 安古拉的速度爬进一个洞，而蛇尾每 $\dfrac{1}{4}$ 天却要长 $\dfrac{11}{4}$ 安古拉．请问黑蛇需要几天才能完全爬进洞？

这是来自公元 9 世纪印度数学的一道趣题．

设黑蛇爬了 x 天，完全进入洞中，按已知条件可知：

黑蛇每天爬

$$7\dfrac{1}{2} \div \dfrac{5}{14} = 21 \text{（安古拉）}，$$

它的尾巴每天长

$$\dfrac{11}{4} \div \dfrac{1}{4} = 11 \text{（安古拉）}，$$

所以 $\qquad\qquad\qquad 21x = 80 + 11x$，

解得 $\qquad\qquad\qquad\qquad x = 8$.

就是说，这条大黑蛇需要 8 天才能完全进洞．

百羊问题

甲赶着一群羊在草原上行走，乙牵着一只肥羊紧跟在甲的后面．乙问甲："老兄，你这群羊有没有 100 只？"甲答道："假若这群羊加个倍，再凑上它的一半和它的 1/4，连同老弟的那只肥羊，才刚刚满 100 只．"问甲原来赶着的羊群一共有几只羊？

设甲原有 x 只羊，则

$$x + x + \frac{1}{2}x + \frac{1}{4}x + 1 = 100,$$

解得 $x = 36$（只）．

这个问题出自于我国明代数学家程大位的《算法统宗》第十二卷，在国际上流传较广．

分遗产问题

古时一位老人打算按如下次序和方式分他的遗产：

老大分 100 元和剩下财产的 10%；

老二分 200 元和剩下财产的 10%；

老三分 300 元和剩下财产的 10%；

老四分 400 元和剩下财产的 10%

……

结果，每个儿子分得一样多．问这位老人共有几个儿子？

设每个儿子分得 x 元，遗产共 y 元，则

老大分得

$$x = 100 + \frac{y - 100}{10},$$

老二分得

$$x = 200 + \frac{y - x - 200}{10},$$

老三分得

$$x = 300 + \frac{y - 2x - 300}{10},$$

……

可以看出，老大分得的遗产与老二分得的遗产的差，老二分得的遗产和老三的差……都是

$$\frac{x+100}{10} - 100.$$

依题意，这个差应为 0，于是有

$$\frac{x+100}{10} - 100 = 0, \quad x = 900.$$

从而可得 $y = 8100$. 显然，老人有 9 个儿子.

持竿进屋

下面是一篇打油诗：

笨伯持竿要进屋，无奈门框拦住竹.

横多四尺竖多二，没法急得放声哭.

有个自作聪明者，教他斜竿对两角.

笨伯依言试一试，不多不少刚抵足.

借问竿长多少数，谁人算出我佩服.

在生活中，谁都知道，将一根竹竿运进屋，根本不需要"横摆""竖摆"，也不需要"对两角"，只要将竹竿顺前后方向伸进门去就行了.所以，诗中的自作聪明者，其实，也是个"笨伯".

设竿长为 x，则门宽为 $x-4$，高为 $x-2$，依题意可列方程

$$(x-4)^2+(x-2)^2=x^2,$$

可以解得 $x=10.$

荡秋千

在明朝数学家程大位的著作《算法统宗》里有一道歌谣形式的题目："平地秋千未起，踏板一尺离地，送行二步与人齐，五尺人高曾记，仕女佳人争蹴，终朝笑语欢嬉．良工高士素好奇，算出索长有几？"

歌谣写得很优美．如把它译成白话文，要点如下：当秋千静止时，踏板离地一尺，将它往前推两步（每一步合五尺），秋千的踏板就和人一样高，此人身高五尺．如果这时秋千的绳索拉得很直，问它有多长？

通过一个简单的图形，就可列方程解出它．设图中 OA 是秋千的绳索，CD 为地平线，BC 为身高五尺的人，AE 相当于两步，即十尺．A 处有块踏板，AD 为踏板离地的距离．设 $OA=x$，则 $OB=OA=x$，$FA=BE=5-1=4$，$BF=EA=10$.

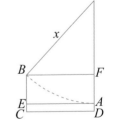

在直角三角形 OBF 中，利用勾股定理可得

$$x^2=(x-4)^2+10^2,$$

即可解出　　　　$x=14.5$（尺）.

《算法统宗》当时风行海内外，研究算学的人无不收藏一册．时至今日，对数学史学者来说，这部书仍是他们重要的研究对象．

莲花问题

波平如镜一湖面，半米高处出红莲；

亭亭多姿湖中立，突遭狂风吹一边；

离开原处两米远，花贴湖面像睡莲；

请您动动脑筋看，池塘在此多深浅？

设湖水在此深 x 米，红莲高出水面 $\dfrac{1}{2}$ 米．

根据题意，由勾股定理可得

$$(x+\frac{1}{2})^2 = x^2 + 2^2$$

从而求出

$$x = 3\frac{3}{4}（米）.$$

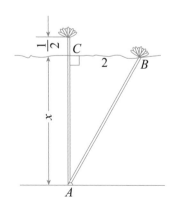

追根溯源

某校招生，小明被录取了，高高兴兴地回到家里．爸爸问他："这次一共录取了多少人？全校共有多少学生？"小明回答说："再录取这次录取人数的七倍，加上这批录取人数的 $\frac{1}{2}$，$\frac{1}{3}$ 和 $\frac{1}{6}$，最后再加一人，正等于全校人数．你猜猜看这次录取的人数是多少？"爸爸说："你们这次取了 10 个人．"小明说："不对，要那样的话，全校人数就少了 909 个．"爸爸又猜："是 100 个．"小明说："还是不对，要那样的话，全校人数还少 99 个．"爸爸说："现在知道了，这次录取了 111 人，你们全校人数正好是 1000 个，对不对？"小明说："对了！爸爸你是怎样猜出来的？"

其实，不一定非要猜三次，如果设这次录取人数为 x 人，全校人数为 M 人，则

$$x + 7x + \frac{1}{2}x + \frac{1}{3}x + \frac{1}{6}x + 1 = M,$$

即
$$9x + 1 = M, \tag{①}$$

爸爸第一次猜 $x = 10$，则

$$90 + 1 + 909 = M,$$

所以，$M = 1000$ 人．代回①，即得 $x = 111$，就不用再猜第二次了．

如果小明给的条件再含糊一些，改为"这次录取人数的若干倍加 1 人即为全校人数"，那么方程变为

$$ax + 1 = M, \tag{②}$$

那么爸爸猜两次，可得

$$\begin{cases} 10a+1+909=M; \\ 100a+1+99=M. \end{cases}$$

解方程组，可得 $a=9$，$M=1000$．于是 $x=111$．也得到正确答案．

鸡兔同笼

　　同一只笼子里，关着鸡和兔子．数一下，共有头 35 个，脚 94 只．请问：笼里有多少只鸡？多少只兔子？

　　设鸡有 x 只，兔子有 y 只，则

$$\begin{cases} x + y = 35; \\ 2x + 4y = 94; \end{cases}$$

解得

$$\begin{cases} x = 23; \\ y = 12. \end{cases}$$

这个问题还有一种解法．

　　先设想笼中的兔子都只有两条腿．这样一来笼中的动物，不管是鸡还是兔，都是两条腿．因为一共有 35 只头，所以，应有 70 只脚．现在有 94 只脚，说明被我们设想少了的脚有

$$94 - 70 = 24 （只）.$$

　　24 只脚相当于 12 只兔子．于是即可求出鸡有 35 - 12 = 23（只）．

谁是"娇气包"？

　　小明和小李肩并肩地街上走，各自都背着着几个包裹．小明说负担太重，小李却说："老兄，你的负担并不算重！你瞧，假如从你背上拿一个包裹给我，我的负担就是你的两倍；而假如你从我背上取走一只包裹，你的负担也不过和我相同．"

　　试问小明和小李各背着几个包裹？假定每个包裹重量相等．

　　设小明和小李各背着 x、y 个包裹，则

$$\begin{cases} y+1 = 2(x-1); \\ y-1 = x+1; \end{cases}$$

解得

$$\begin{cases} x = 5; \\ y = 7. \end{cases}$$

幼儿园分枣

　　幼儿园有三个班，甲班比乙班多 4 人，乙班比丙班多 4 人，老师给小孩分枣．甲班每个小孩比乙班每个小孩少分 3 个枣；乙班每个小孩比丙班每个小孩少分 5 个枣．结果甲班比乙班总共多分 3 个枣，乙班比丙班总共多分 5 个枣．问三个班总共分了多少枣？

　　设丙班人数为 x 人，每人分得枣 y 个．那么，乙班有（$x+4$）人，每人分得枣（$y-5$）个；甲班有（$x+8$）人，每人分得枣（$y-8$）个，按题意有

$$\begin{cases} (x+8)(y-8) - xy = 8; \\ (x+4)(y-5) - xy = 5; \end{cases}$$

　　即

$$\begin{cases} x = 11; \\ y = 20. \end{cases}$$

解此方程组，可得

所以三个班共分枣

$$11 \times 20 \times 3 + 5 + 3 + 5 = 673（个）.$$

四个孩子的年龄

有四个孩子，他们年龄之积是 3024，且依次一个比一个大一岁．你能在一分钟内算出四个孩子的年龄吗？

通过分解质因数易得 $3024 = 2^4 \times 3^3 \times 7$，把它分解成四个连续数之积，只能是

$$(2 \times 3) \times 7 \times (2 \times 2 \times 2) \times (3 \times 3) = 6 \times 7 \times 8 \times 9.$$

所以四个孩子的年龄依次是 6 岁、7 岁、8 岁、9 岁．

设年龄排第二的是 x 岁，还可用代数法解．按题意有方程

$$(x-2)(x-1)\,x\,(x+1) = 3024,$$

即

$$(x^2 - x)(x^2 - x - 2) = 3024,$$

$$(x^2 - x - 56)(x^2 - x + 54) = 0.$$

因为 $x > 0$，所以可解得 $x = 8$．四个孩子年龄的答案同上．

长寿老人

一村庄里住着不少长寿老人，其中有一个长寿老人，他的儿子、孙子、曾孙、玄孙，连同他本人共有 2801 人．他们每人的儿子数都一样多（玄孙排除在外，因为他们暂时还没有孩子），并且都还活着，请问这位长寿老人有几个儿子？

设这位老人有 x 个儿子，那么连他本人在内总人数为

$$1 + x + x^2 + x^3 + x^4 = 2801,$$

即

$$x + x^2 + x^3 + x^4 = 2800,$$

$$x(x+1)(x^2+1) = 2800.$$

由于　　　$2800 = 2^4 \times 5^2 \times 7 = 7 \times 8 \times 50 = 7 \times (7+1) \times (7^2+1),$

解得　　　　　　　　　　$x = 7.$

所以这位老人有 7 个儿子．

传令兵

首尾长达 50 千米的大部队正在沙漠中匀速前进，有一道紧急命令需要传递．传令兵从队列的尾部出发，骑着快马，把命令传送到队伍的最前面一人，然后再返回他原先的位置（队伍的最后面）．这时，部队正好前进了 50 千米．如果该传令兵在前进与后退时，速度始终保持不变，那么他完成上述任务时，一共走了多少路？

这是一道口口相传的名题，解法也颇多，下面讲一个简单的代数解法．

我们把部队全长及走完这段距离所需的时间假设为 1 个单位，部队的前进速度于是也等于 1．传令兵所走的全部路程及其速度均设为 x，当他向前走时，他对于前进中部队的相对速度是 $x-1$；往回走时，对前进中部队的相对速度是 $x+1$，往返路程（对部队来说）均各为 1，又因往返所用的时间也是 1，于是可得出下列分式方程：

$$\frac{1}{x-1}+\frac{1}{x+1}=1.$$

经简化后，可得到一元二次方程 $x^2-2x-1=0$，其正根为 $1+\sqrt{2}$，用此数乘以 50，即得到传令兵走了大约 120.7 千米的结果．

往返时间

甲、乙两城市濒临大江，一只轮船往返其间是来一次、去一次．试问：船在静水中航行所花时间长，还是在流水中航行所花时间长，或者是两者一样长？

这是一个常见问题，如无准备，一时很难回答．其实，我们可以采用"极端化"的想法来解决它．设想船速 v 等于水速 c，这时，该轮船在逆水航行时将停滞不前了．也就是说，不论花费多少时间，也无法在这样的急流中完成甲、乙两地之间的往返航行．然而在静水中航行的话，由于水速 $c=0$，所以往返所花时间总是等于往或返所需时间的两倍，这种航行永远是可以实施的．所以我们马上得出结论：轮船往返航行，在流水中所花的时间要比在静水中长．

本题当然也可用不等式来解决．设甲、乙两地相距 s，则在流水中往返所花的时间为：

$$t_1 = \frac{s}{v+c} + \frac{s}{v-c} = s\left(\frac{2v}{v^2-c^2}\right),$$

而在静水中所花的时间为：

$$t_2 = \frac{2s}{v} = s\left(\frac{2v}{v^2}\right).$$

若 $c \neq 0$，则 $v^2 - c^2 < v^2$，故 $t_1 > t_2$．

当然，这个办法比较刻板一些，谈不上什么"巧思"．

老爷爷多少岁?

如果在 1980 年,有人问老爷爷多少岁?老爷爷回答说:"我还不到 100 岁,我 x 岁那一年,正好是公元 x^2 年." 试问老爷爷 1980 年是多大岁数?

如果用代数法解,得方程:

$$\sqrt{x^2} = x, \ (x > 0).$$

这是一个恒等式,仍然无法求出 x.

根据题意再仔细想想,可知 x 是两位数,且 $1880 < x^2 < 1980$,而

$$43^2 = 1849 < 1880 < x^2 < 1980 < 2025 = 45^2,$$

所以, $\qquad\qquad\qquad 43 < x < 45.$

因此,x 必定等于 44,也就是老爷爷 44 岁那年,正好是 44^2($=1936$)年. 这样,老爷爷 1980 年的岁数是:

$$44 + (1980 - 1936) = 88 (岁).$$

上述解法说明列方程解应用题并非万能的,仍需具体问题具体分析,抓住每一个可用的信息,找出简捷的解法.

热敏温度计之谜

　　这是 20 世纪 70 年代初的真人真事．当时一位数学系毕业生分配到上海市安装公司当电工，参加和平饭店电路的布线工程，遇到了一个实际问题：在各层楼的房间内装有三相电路的热敏电阻温度计，三根导线装入钢管，辗转布线至一层与控制室的仪表相接（结构见下面示意图）．若三根导线的电阻相等，则仪表上的温度读数与热敏电阻温度计上的读数应该一致，但经过多次调试，控制室与房间内的温度读数就是不一样，原因是什么？工人师傅研究再三，还是找不到问题所在，于是找来那位大学生．通过观察分析，原来三根导线从高层到一层辗转布线，导致导线长度不一，因而电阻各异，究竟相差多少呢？要直接测量一端在高层、另一端在一层的导线的电阻，显然是不可能的，而利用代数方程，这个难题就迎刃而解了．

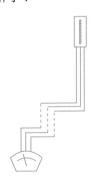

　　问题中有三个未知数（设三根导线的电阻为 x、y、z 欧姆），必须建立三个方程，也就是设法找出三个相等关系．为此，把高层上电阻为 x、y 欧姆的

两根导线的端点相接，然后在底层测这两根导线的另两个端点，如读数为 a 欧姆，根据串联电阻等于两段分电阻之和，即可列出

$$\begin{cases} x+y=a; \\ y+z=b; \\ z+x=c; \end{cases}$$

解此方程组，得

$$\begin{cases} x=\dfrac{1}{2}(a-b+c); \\ y=\dfrac{1}{2}(a+b-c); \\ z=\dfrac{1}{2}(-a+b+c). \end{cases}$$

果然三根导线的电阻各异．分别串联上补偿电阻，使三根导线电阻相等，再接入仪表，上、下两处温度读数完全相符．真是"小小方程组，解决大问题！"

公共汽车

在一条公交线路上，有一行人与一骑自行车的人和一辆公共汽车同时出发，自行车的速度是行人速度的 3 倍．每隔 10 分钟有一辆公共汽车超过行人，每隔 20 分钟有一辆公共汽车超过自行车．试求每隔几分钟开出一辆公共汽车？（假定它们全部是匀速运动）

设行人、自行车、公共汽车的速度分别为 v、$3v$、V（米 / 分）．公共汽车每隔 x 分钟开出一辆，则在行人出发后，超越他的第 n 辆公共汽车，比行人晚出发 nx 分钟，此时行人已走了 $10n$ 分钟．同样，分析超越自行车的第 n 辆公共汽车的情况．于是，可列出方程组：

$$\begin{cases} (10n - nx)V = 10nv; \\ (20n - nx)V = 60nv; \end{cases}$$

解方程组，得 $x = 8$（分钟）．代入方程组，还可知

$$V = 5v.$$

所以，每隔 8 分钟，站上开出一辆公共汽车，并且可知公共汽车的速度为行人的速度的 5 倍．

粮仓的秘密

粮店里八个仓库分布如图. 其中每个仓库储粮的吨数都等于相邻三个仓库储粮吨数的平均值. 你能发现外圈四个仓库和里圈四个仓库储粮数之间存在什么有趣的关系吗？

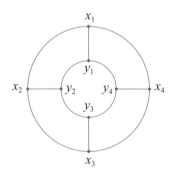

按题设 x_i、y_i（$i = 1$，2，3，4）中每一个数等于其相邻三个仓库储粮吨数的平均数，所以，有

$$3x_1 = x_2 + x_4 + y_1,$$

类似地，还有

$$3x_2 = x_1 + x_3 + y_2, \quad 3x_3 = x_2 + x_4 + y_3, \quad 3x_4 = x_1 + x_3 + y_4;$$

根据题意，同样可列出

$$3y_1 = y_2 + y_4 + x_1, \quad 3y_2 = y_1 + y_3 + x_2, \quad 3y_3 = y_2 + y_4 + x_3, \quad 3y_4 = y_1 + y_3 + x_4.$$

将前面四个式子相加，得出

$$3（x_1+x_2+x_3+x_4）=2（x_1+x_2+x_3+x_4）+y_1+y_2+y_3+y_4，$$

于是
$$x_1+x_2+x_3+x_4=y_1+y_2+y_3+y_4.$$

由后面四个式子也能推出这个结论，所以外圈各仓库储粮吨数之和与里圈各仓库储粮吨数之和相等．

如果已知外圈各仓库储粮的吨数，就可求出里圈各仓库储粮的吨数．反过来，也可由里圈各仓库的储粮数求出外圈各仓库的储粮数．

桃三李四橄榄七

桃子一个要三文钱，李子一个要四文钱，而橄榄一文钱可以买七个，若拿一百文钱去买这三种果子，每种都得买，又恰好买一百个，问每种应各买几个？

这是一道流传于福建民间的古算题.

设应各买桃子、李子、橄榄 x、y、z 个，则可列出方程组：

$$\begin{cases} x + y + z = 100; \\ 3x + 4y + \dfrac{1}{7}z = 100; \end{cases}$$

可得 $x = 30 - y - \dfrac{7y}{20}$. 因 x 是正整数，故 y 必为 20 的倍数，令 $y = 20t$，则

$$x = 30 - 27t, \quad z = 70 + 7t.$$

因 x、y、z 均为正整数，所以 $0 < t \leqslant 1$，即 $t = 1$. 从而得

$$(x, y, z) = (3, 20, 77).$$

也就是说，应买桃子 3 个，李子 20 个，橄榄 77 个.

上述解法中，方程组有 3 个未知数，却只有两个方程，称为不定方程组. 不定方程一般有无限多组解，但它们的整数解、正整数解往往是有限的. 像此题只有唯一一组正整数解.

不定方程是数论中的重要内容之一，它有系统的理论与解法. 我国古代数学在此有许多成就，民间流传的趣题很多是属于不定方程组这一内容的.

百牛吃百草

　　一个牛栏里关着公牛、母牛与小牛. 每头公牛一天吃三把草，母牛吃一把半，小牛每天只吃半把草. 牛栏里共有牛 100 头牛，每天恰好吃 100 把草. 问有公牛、母牛、小牛各几头？

　　这是闽北地区流传甚广的一个趣题.

　　设公牛有 x 头，母牛有 y 头，小牛有 z 头，则可列出方程组：

$$\begin{cases} x+y+z=100; \\ 3x+\dfrac{3}{2}y+\dfrac{1}{2}z=100; \end{cases}$$

可得，

$$\begin{cases} z=100-x-y; \\ y=50-2x-\dfrac{x}{2}. \end{cases}$$

　　因 y 是正整数，故 x 必为 2 的倍数，不妨设 $x=2t$，则

$$y=50-5t,\ z=50+3t.$$

　　因为 x、y、z 都是正整数，所以 $0<t<10$. 于是当 $t=1,2,\cdots,9$ 时，分别得到九组解：

　　（2，45，53）、（4，40，56）、（6，35，59）、（8，30，62）、（10，25，65）、（12，20，68）、（14，15，71）（16，10，74）、（18，5，77）.

百鸡问题

用一百文钱买一百只鸡，已知鸡的单价，试问公鸡、母鸡与小鸡各买了几只？

这是一个有名的趣味古算题，源于五世纪时的《张邱建算经》. 原题是："今有鸡翁一，值钱五；鸡母一，值钱三；鸡雏三，值钱一. 凡百钱买鸡百只. 问鸡翁、母、雏各几何？"

原书没有说出解题的具体方法，而只是说："鸡翁每增四，鸡母每减七，鸡雏每益三，即得 ." 这些话，听起来很费解. 其实，他是指出了三组答案之间的关系.

设 x、y、z 分别为购买公鸡、母鸡与小鸡的只数，则不难列出下列不定方程组：

$$\begin{cases} x+y+z=100; \\ 5x+3y+\dfrac{1}{3}z=100; \end{cases}$$

该方程组的正整数解共有三组，它们是：

$$\begin{cases} x=4; \\ y=18; \\ z=78; \end{cases} \begin{cases} x=8; \\ y=11; \\ z=81; \end{cases} \begin{cases} x=12; \\ y=4; \\ z=84. \end{cases}$$

所以张邱建说得不错："公鸡每增四只，母鸡就得减少七只，小鸡则要相应地加上三只 ."

孙子数学游戏

"今有物不知其数，三三数之，剩二；五五数之，剩三；七七数之，剩二．问物几何？答曰：二十三．"把它改成数学游戏，可表达如下：

有一把围棋子，三个三个地数，最后余下两个；五个五个地数，最后余下三个；七个七个地数，最后余下两个．问这把棋子有多少个？

此题称"物不知数"，源于《孙子算经》卷．当时虽已有了答案，但它的系统解法是南宋数学家秦九韶给出的，载在《数书九章·大衍求一术》上．解法大意是：用70乘"三除"所得的余数2，21乘"五除"所得的余数3，15乘"七除"所得的余数2，总加起来，如果大于105（=3×5×7），则减105，还大再减……最后得到的正整数就是答案了．

$$2 \times 70 + 3 \times 21 + 2 \times 15 = 233,$$

$$233 - 2 \times 105 = 23.$$

70，21，15是如何求出来的？原来70是5，7的公倍数中被3除余1的数；21是3，7的公倍数中被5除余1的数；15是3，5的公倍数中被7除余1的数．因此，$70a + 21b + 15c$ 必是被3除余 a，被5除余 b，被7除余 c 的数．也就是可能的解答之一；但可能不是最小的，这个数加减3，5，7的最小公倍数105，仍然有同样的性质．所以，可以多次减去105而获解．

70，21，15称为"乘数"，求"乘数"的方法古时称为"大衍求一术"．

如果用现代数学的同余式语言表达，即

$$x = 2 \pmod 3 = 3 \pmod 5 = 2 \pmod 7,$$

求 x 的最小正整数解. 上式称为同余式方程, 其解为

$$x = 70 \times 2 + 21 \times 3 + 15 \times 2 - n \times 105 \,(n \text{ 为非负整数}).$$

这一问题, 西方在 18 世纪, 有瑞士的欧拉、法国的拉格朗日等数学家开始研究. 1801 年德国数学家高斯提出解法——剩余定理, 曾被称为"高斯定理". 19 世纪 50 年代英国传教士将此问题与"大衍求一术"传至西方, 19 世纪 70 年代有人指出它与高斯定理一致, 但中国秦九韶比高斯早 500 多年. "大衍求一术"不但在古代数学史上占有一席地位, 而且它的解法原则已渗透到近代数学的许多分支, 如数论、插值论及算法理论等.

小明的集邮册

小明有三本集邮册，装有很多邮票．小红问他共有多少张邮票？他回答说："全部邮票的五分之一在第一本上，有七分之几在第二本上，还有 303 张在第三本上．"第二本上有七分之几却没有说清楚．你能算出小明共有几张邮票吗？

设小明共有 x 张邮票，则

$$\frac{x}{5} + \frac{n}{7}x + 303 = x,$$

其中 n 是 $1 \sim 6$ 之间的自然数，且 x 也只能是自然数．

解方程，得

$$x = \frac{3 \times 5 \times 7 \times 101}{28 - 5n}.$$

因为 $3 \times 5 \times 7 \times 101$ 应被 $(28 - 5n)$ 整除，且 n 是 $1 \sim 6$ 之间的自然数，所以，当 $n = 1，2，3，4，6$ 时，都不符合要求，n 只能等于 5，这时，$x = 5 \times 7 \times 101 = 3535$．

因此，小明共有邮票 3535 张．

三代人年龄的巧合

清晨，西康公园里总有一批白发苍苍的老人在打太极拳．近来，队伍里也添了不少中、青年．

练习后休息，两位老人互报年龄、姓名和业余爱好．

"啊呀，我俩年龄的平方差是 195 呀．"一对中年夫妇走过来听见，嘻嘻笑道："真巧！我俩年龄的平方差也是 195．"两位青年人一拍大腿："哪有这等巧事，我们两个的年龄平方差也是这个数目．"请问这老、中、青三代人的年龄各是几岁？

显然若 x、y 代表两人的年龄，则由题目条件可以列出不定方程：

$$x^2 - y^2 = 195.$$

为了求出方程的正整数解，上式左端可以变形为 $(x+y)(x-y)$，右端可分解成质因数的连乘积 $3 \times 5 \times 13$，因此它有四种可能的分解方式，即 1×195，3×65，5×39，13×15．

对于第一种情况，即 $(x+y)(x-y)=1 \times 195$，由二元一次线性方程组

$$\begin{cases} x+y=195; \\ x-y=1. \end{cases}$$

可解得 $x=98$，$y=97$．即这两位老人的年龄是 98 岁和 97 岁．

同理可求出中年夫妇的年龄为 34 岁和 31 岁；两位青年的年龄是 22 岁和 17 岁．

钟针对调

在钟面上有哪些位置，把时针与分针对调之后，仍能表示真实的时间？

这是爱因斯坦的朋友兼传记作者莫希柯夫斯基出的题目，以供爱因斯坦病中消遣．据说，爱因斯坦从床上坐起来，随便勾了几笔，画成一个草图，然后列出方程．结果，他解决问题所花的时间并不比提问者叙述问题的时间更长．他到底是怎样解的呢？

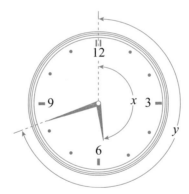

以圆周的 $\frac{1}{60}$ 作为单位，两针都从钟面上的 12 开始算起，假使时针从 12 走过了 x 个刻度，分针走过 y 个刻度．由于时针每小时走过 5 个刻度，所以它走过 x 个刻度，需要经过 $\frac{x}{5}$ 小时；而分针经过 y 刻度需要 y 分钟，即 $\frac{y}{60}$ 小时．由此可见，这个时间是两针都指在 12 上面（初始位置）之后，又过了

$$\frac{x}{5} - \frac{y}{60} \text{ 小时，}$$

这个数应是一个整数（其范围从 0 到 11）.

根据同样的道理，我们可以断定，当两针对调位置以后从初始位置经过了

$$\frac{y}{5} - \frac{x}{60} \text{ 小时，}$$

它同上面一样，也应当是一个整数（从 0 到 11）.

于是我们得到下面的方程组：

$$\begin{cases} \dfrac{x}{5} - \dfrac{y}{60} = m; \\ \dfrac{y}{5} - \dfrac{x}{60} = n; \end{cases} \quad (m \text{ 和 } n \text{ 都是从 0 到 11 的整数})$$

由此解出

$$\begin{cases} x = \dfrac{60(12m+n)}{143}; \\ y = \dfrac{60(12n+m)}{143}. \end{cases}$$

所以解的个数是 143 个，我们只要把整个钟面等分成 143 份，从而得到 143 个分点. 在其他任何点上，钟针位置的对调并不表示实际上的时间.

为了具体算出时间，当然要把 m 与 n 的值代入计算. 例如当 $m = 8$，$n = 5$ 时，$x \approx 42.38$，$y \approx 28.53$.

相应的时刻是 8 点 28.53 分与 5 点 42.38 分. 两针重合时（例如 12 点，1 点 $5\frac{5}{11}$ 分……），当然可以彼此对调，这样的情况共有 11 种可能性，应该算是本问题的特例.

老师家的门牌号

数学老师住在一条小街上．有同学问他住在几号？他说："我家的门牌是 x 号．""可是 x 是多少呀？"数学老师又说："除了我家外，小街上所有的门牌号的总和再减 x，恰好是 200.""小街上的门牌有跳号吗？""没有．从 1 号开始，既无跳号，也无重复．"你能算出老师家的门牌号吗？

设小街的门牌最后一家是 n 号，则可列出方程：

$$1+2+3+\cdots+n-2x=200,$$

因为

$$1+2+3+\cdots+n=\frac{1}{2}n(n+1),$$

所以上述方程为

$$\frac{1}{2}n(n+1)-2x=200,$$

从而解得

$$x=\frac{1}{4}n(n+1)-100.$$

因为 x 是整数，且 $x\leqslant n$，所以 $n(n+1)$ 是 4 的倍数，且 $n(n+1)>400$，从此可知 $n\geqslant 20$．但 $n=21$ 或 22 时，$n(n+1)$ 不是 4 的倍数；而当 $n=23$ 时，

$$x=\frac{1}{4}\times 23\times 24-100=38>23.$$

所以，n 只能等于 20；此时，$x=5$．即数学老师住在 5 号，且小街上门牌的最后一号是 20 号．

梳妆小镜的妙用

有一天，德国代数学家豪斯霍尔德在桌面上用一些火柴棒搭出了两个不寻常的"等式"：

```
125-50=135
150+82=502
```

接着，他笑眯眯地对身旁的青年实验员说："小伙子，看到这两个等式了吗？它们显然是不对的．现在要你移动最少根数的火柴棒，使这两式成立．"

教授走了．实验员把火柴挪来挪去，百思不得其解．另外，他总感到教授出这个题目，其中必含深意．平淡无奇的老一套解法，一定不合乎他的要求．

回到家里，实验员的妻子刚好度假归来，正对着一面的旅行小方镜梳理头发．突然之间，此种情景触发了实验员的灵感，马上抢过镜子，企图通过一个小小的实验来证实自己的推理．

只见他把这面小镜子竖立在桌面上（使它与桌面垂直），放在第一个式子上面，这时，镜子里竟然一下子出现了正确的等式：

$$152-20=132$$
$$120+85=205$$

原来，所谓"移动根数最少"，居然是一根都不动，完全维持原状，这确实有点不可思议．

幼儿园里的纠纷

　　幼儿园开学第一天，小班的小朋友看到阿姨准备发糖，大家一拥而上，有的拿得多，有的拿得少，动作慢的小朋友一颗也没拿到，哭起来了．

　　阿姨要求大家把拿到的糖都放回盒子里去，以便重新平均分配，但那些拿得多的小朋友，撅着小嘴不肯．

　　聪明的阿姨立刻说："我们大家来做个游戏，好吗？"

　　小朋友一听乐开了，大家都说"好"．阿姨让小朋友围坐成一圈，要求大家数一数自己手里的糖块是单数还是双数；如果是单数，阿姨再给一块凑成双数．接下去，每个人把手中糖的一半给他的左邻，而从他的右邻手中接过半数糖块．如果发现谁的手中糖块成了单数，再向阿姨要一块凑成双数．然后再把手中糖块的半数给他的左邻，完成了第二次调整．

　　说也奇怪，经过几次这样的调整后，每人手中的糖块一样多了，一场纠纷解决了．

　　为了了解调整是怎样进行的，我们以一个最简单的例子说明如下：

　　假定只有三个小朋友，开始时，A、B、C手中各有糖6、3、1块．阿姨先把每人手中糖块补成双数，变成A（6）、B（4）、C（2），调整过程如下图所示（自A到B到C按顺时针顺序）：

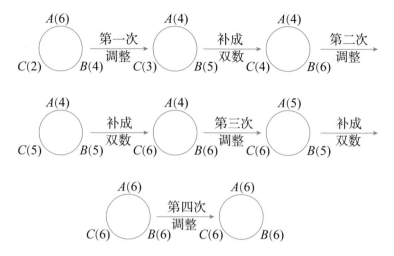

等到大家的糖块数相等以后，无论再调整多少次，各人的糖块始终不再改变.

如果孩子数多了，是否也能达到平衡？答案是肯定的. 欲知其详，请看下一篇"磨光变换".

磨光变换

在"幼儿园里的纠纷"中，我们看到按阿姨的办法作调整，最后可以进入"无差别境界"，而达到"平衡"．那么能否对此作出严格证明？

我们再看一遍那个简单例子的调整过程图，看能否从中获得一些启发．

易见调整前的初始状态，最多糖块数（最大值）与最少糖块数（最小值）相差越大，反映分布越不均匀．调整过程中，二者的差距在逐渐缩小，最终达到"平衡"．

第一次调整前，最大值是6，最小值2；

第二次调整前，最大值是6，最小值4；

第三次调整前，最大值是6，最小值4；

第四次调整前，最大值是6，最小值也是6．

由此可见，经过调整，最大值不变，而最小值逐步增大．经过有限次调整以后，最小值变成与最大值相等，达到"无差别境界"．

要证明这样的调整最终必趋平衡，应证明：

（1）在调整过程中，每人的糖块数始终在最大值 $2m$ 和最小值 $2n$ 之间．

设某个小孩有 $2k$ 块糖，他的左邻有 $2h$ 块糖，因为 $n \leq k \leq m$，$n \leq h \leq m$，所以调整后，这个孩子手中的糖块变成 $h+k$ 块，而 $2n \leq h+k \leq 2m$．如果 $h+k$ 已是偶数，结论已获证明；如果 $h+k$ 是奇数，则需补糖一块，但这时 $h+k < 2m$，所以 $2n < h+k+1 \leq 2m$，结论仍然正确．

（2）手中糖块多于 $2n$ 的人，调整后，糖块数仍比 $2n$ 多．

设某个孩子手中糖块数 $2k > 2n$，他的左邻有 $2h$ 块糖．调整后，这个孩子有 $h+k$ 块糖．显然有 $k+h > n+n = 2n$．如果 $k+h$ 是奇数，再补一块糖，则 $k+h+1 > 2n$．

（3）至少有一个糖块拿得最少的孩子，经过调整后，他手中的糖块数大于 $2n$，即可以增加两块糖．

总可以找到一个手中糖块数为 $2n$ 的小孩，他的左邻手中糖块数 $2h > 2n$，否则所有小孩手中的糖块数都是 $2n$ 了．经过调整后，这个孩子手中的糖块数变成 $h+n$，如果 $h+n$ 已是偶数，则 $h+n \geqslant 2(n+1) = 2n+2$；如果 $h+n$ 是奇数，则 $h+n \geqslant 2n+1$，补入一块后，$h+n+1 \geqslant 2n+2$．所以，总有一个手持最少糖块数的孩子，经过调整后，其糖块数增加两块，即最小值减少一个．经过若干次调整后，大家的糖块数逐步增大，而最终达到最大值．

"调整"是日常用语，在数学术语里叫做"变换"．能逐步缩小差别的变换，叫做"磨光变换"．说也奇怪，数学里的磨光变换是有实际背景的．自然界里就存在磨光变换的模型．例如，在一盆冷水里，倒入一定量的热水，水的各部分温度不一致，经过一定时间后，水温趋于一致，一部分水放出热量，而另一部水吸收热量，终于达到热平衡．

笔记栏

乘龙快婿

国王有一位宝贝女儿，国王打算从数十名容貌出众、德才兼备的候选人中挑出一人做他的乘龙快婿．他命人准备了四只大盒子，编号为 1，2，3，4. 1 号盒子里装着钻石胸针 D，2 号盒子里装着玉耳环 E，3 号盒子里放着纯金项链 G，4 号盒子里放着红宝石 R. 盒子容积很大，任何一件首饰都可装入任何一只盒子．

国王当众宣布了四条指令，其代号恰巧也是 D、E、G、R. 指令 D：把原来放在 1 号盒里的饰物放进 2 号盒子，2 号盒里的东西放进 3 号盒，3 号盒里的放进 4 号盒，而 4 号盒里的放进 1 号盒．上述操作可以记为

$$D: \begin{pmatrix} 1 & 2 & 3 & 4 \\ 2 & 3 & 4 & 1 \end{pmatrix}.$$

指令 E：把 1 号盒与 4 号盒里的饰物交换一下，并把 2 号盒与 3 号盒里的饰物也交换一下，可记为

$$E: \begin{pmatrix} 1 & 2 & 3 & 4 \\ 4 & 3 & 2 & 1 \end{pmatrix}.$$

指令 G：交换 1 号与 2 号盒里的饰物，同时也交换 3 号与 4 号盒里的饰物，可记为

$$G: \begin{pmatrix} 1 & 2 & 3 & 4 \\ 2 & 1 & 4 & 3 \end{pmatrix}.$$

指令 R：交换 1 号与 3 号盒里的饰物，同时也交换 2 号与 4 号盒里的饰

物，可记为

$$R:\begin{pmatrix} 1 & 2 & 3 & 4 \\ 3 & 4 & 1 & 2 \end{pmatrix}.$$

国王要求每位候选人独立思考，在规定时间内写下四条指令的最恰当的执行顺序，并将纸条交给侍卫．如果四条指令全部执行完毕后1、2、3、4四只盒子里所装的宝物代号同写在纸条上的四条指令顺序完全一致的话，他就算通过了严格的考试．当然最后还得向国王讲清楚道理，以便排除偶然猜中的可能．

结果，果真有一位年轻的候选人以其非凡才智力压群雄，被国王选中了．原来，他在"试卷"上写下的答案是 $RDEG$，侍卫们按照指令顺序一一执行完毕以后，发现1至4号四只匣子里所装的饰物果然也是 $RDEG$．这时，站在一旁观看的王公大臣们也不免啧啧称奇．

看似杂乱无章的调动，其实可以理出头绪．因为，相继执行两条指令，实际上相当于变换的乘积．我们发现，先执行指令 E，后执行指令 R，与先执行 R 后执行 E，结果竟是完全一样．这样的变换，就称为互相可交换的．同 ER 相类似，GE 和 GR 也是可交换的．

进一步又可以发现，连续执行三个变换 G、R、E 的结果是一个恒等变换．经过这样分析之后，许多情况都被排除，正确的答案 $RDEG$ 就被筛选出来．

趣味概率和运筹

制作随机数表

我们有时需要利用随机数来作出某种决定. 为此，科学家事先制作一张随机数表. 下面就是一张随机数表的一部分：

7	6	6	1	8	7	0	5	8	1
3	5	3	1	7	9	9	5	1	9
6	0	3	8	6	3	9	2	0	2
3	1	7	4	9	7	8	0	6	7
9	3	4	9	6	8	4	9	4	4
3	6	5	6	2	1	4	6	3	8
7	8	1	5	0	8	5	4	4	
5	0	7	7	0	2	3	5	9	
0	3	0	5	0	5	4	3	0	0
6	8	5	0	6	2	6	1	2	8

使用随机数表时，可以按各种顺序，下图只是几种方法.

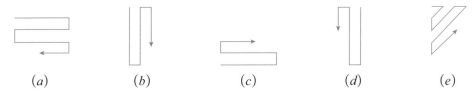

(a) (b) (c) (d) (e)

制作随机数表可使用代数或概率方法，计算机上，也有随机数发生程序.

汽车大赛

在汽车大赛上，有"美洲豹""福特""吉田"三种型号的赛车参加角逐．如果"福特"获得第一与得不到第一的可能性之比为 2∶2；"美洲豹"获得第一与得不到第一的可能性之比为 1∶5，那么"吉田"获第一与得不到第一的可能性之比是多少？

"福特"获第一的概率是：

$$2∶(2+2)=1∶2=\frac{1}{2};$$

"美洲豹"获第一的概率是：

$$1∶(1+5)=\frac{1}{6}.$$

所以，"福特"或者"美洲豹"获第一的概率是：

$$\frac{1}{2}+\frac{1}{6}=\frac{2}{3},$$

这正是"吉田"得不到第一的概率，所以"吉田"获第一的概率是：

$$1-\frac{2}{3}=\frac{1}{3}.$$

所以"吉田"获第一与得不到第一的可能性之比为 1∶2.

空中小姐

　　某航空公司一国际航班共有 20 位空中小姐，其中 13 人是中国姑娘，另 7 人是外国姑娘．一次航班要从中选出 3 人上机，问其中既有中国姑娘又有外国姑娘的概率是多少？

　　3 人中既有中国姑娘又有外国姑娘，就是要排除 3 人都是中国人或都是外国人的可能．

　　3 人都是中国人的概率是

$$p_1 = \frac{13}{20} \times \frac{12}{19} \times \frac{11}{18}.$$

　　3 人都是外国人的概率是

$$P_2 = \frac{7}{20} \times \frac{6}{19} \times \frac{5}{18}.$$

　　所以 3 人中既有中国人又有外国人的概率是

$$p = 1 - p_1 - p_2 = 1 - \frac{13 \times 12 \times 11}{20 \times 19 \times 18} - \frac{7 \times 6 \times 5}{20 \times 19 \times 18} \approx 0.718.$$

兴趣小组有几个成员?

有一个课外兴趣小组,刚刚学过一点古典概率.已知他们中两人生日相同的概率小于 $\frac{1}{2}$,但如果小组再增加一个人,那么两人生日相同的概率就超过 $\frac{1}{2}$ 了.你说这个小组到底有几个成员?

两个人中生日不相同的概率是 $\frac{364}{365}$;对于 3 个人来说,他们中两人生日不相同的概率为 $\frac{364}{365} \times \frac{363}{365}$.

在 n 个人中,两人生日不相同的概率为

$$p = \frac{364}{365} \times \frac{363}{365} \times \cdots \times \frac{365-n+1}{365}.$$

通过计算可知,当 $n=22$ 时,$p < \frac{1}{2}$,而 $n=23$ 时,$p > \frac{1}{2}$.所以,这个小组的成员有 22 人.

生日巧合

请你作一个调查，你们班的同学中，有没有生日相同的？

在一般人看来，一年有 365 天，两个人生日都要在这 365 天中的某一天，似乎是很凑巧的事．其实，如果你班有 40 人，至少有两人生日相同的可能性有 89%；如果你班有 45 人，至少有两人生日相同的可能性达到 94%；如果你班有 50 人，那么，至少有两人生日相同的可能性有 97% 之多．

为了说明其理由，我们来计算一下，50 个人一共有多少可能情况．

第一个同学的生日，可以是一年中的任何一天，一共有 365 种可能情况，而第二、第三及其他所有同学也都有 365 种可能情况，这样 50 个同学一共有 365^{50} 种可能搭配．

如果 50 人的生日无一相同，那么生日搭配的可能情况就少得多了．第一个人有 365 种可能情况，第二个人因不能与第一人的生日相同，只能有 364 种可能情况了，依此类推，如 50 人的生日无一相同，其生日搭配情况只有 $365 \times 364 \times 363 \times \cdots \times 317 \times 316$（种），这些情况，只占 365^{50} 种情况中的 3%．

这样一来，不难算出，50 人中生日至少有两个相同的可能性就占所有情况数中的 97%．

约会问题

甲、乙两人约定在晚上 7 时至 8 时在某电影院门口见面，并讲好先到者应等候对方一刻钟，过时即可离去．求这两人能会面的概率．

解法很简单，在平面上建立直角坐标系，长度单位为分钟．设 x 和 y 分别表示甲、乙两人到达约会地点的时间，所以两人能够会面的充要条件是

$$|x - y| \leq 15.$$

显然，(x, y) 的所有可能结果是边长为 60 的正方形，而可能会面的时间则由图上的阴影部分所表示．

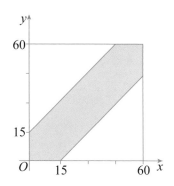

这是一个几何概率问题，故所求的概率等于阴影部分的面积与正方形面积之比，也就是

$$p = \frac{60^2 - 45^2}{60^2} = \frac{7}{16}.$$

101

布封投针问题

平面上画着一系列平行线，相邻两条平行线间的距离为 a，向此平面任意投掷一长为 l 的针．试求此针与任一平行线相交的概率．这是法国博物学家布封提出并解决的著名几何概率问题．

可以通过实验求出这一概率 p 的近似值．通过投针 n 次，计算针与线相交的次数 m，当 n 充分大时，$\dfrac{m}{n} \approx p$．

那么如何求 p 的准确值呢？我们下面先介绍一个假想的实验．

找一根铁丝弯成一圆圈，使其直径等于两相邻平行线之间的距离 a，那么无论怎样扔下圆圈，都和平行线有两个交点，如图中圆 O_1、O_2、O_3．如果掷 n 次，就和平行线相交 $2n$ 次．如果把圆圈拉直成一根针，则针长 $EF = \pi a$．这样，针 EF 与平行线相交的方式有：4 个交点、3 个交点、2 个交点、1 个交点以至无交点．由于这是随机过程的多次重复试验，总的可能性和它在圆圈形式下相

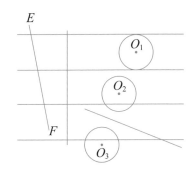

同. 因而将针 EF 掷 n 次，它与平行线相交的次数仍为 $2n$ 次. 经过重复多次实验，证实针 EF 与平行线相交的次数 m，逐渐向 $2n$ 逼近.

如果用不同长度的针 l、l' 投掷，它们与平行线相交的次数与针的长度 l、l' 成正比.

根据上述两个实验的启发与结论，可知针长为 l 的针与针长为 πa 的针 EF，分别投掷 n 次，则它们分别与平行线相交的次数 m 与 $2n$ 之比为 $l : \pi a$，即

$$\frac{m}{2n} = \frac{l}{\pi a},$$

所以

$$p = \frac{m}{n} = \frac{2l}{\pi a}.$$

可知 p 的准确值为 $\dfrac{2l}{\pi a}$. 这一结果可用积分法证明.

机器人的工具箱

n 个机器人在一条直的流水线上工作，公用的工具箱应放在哪里，才能使所有机器人拿工具走的距离之和 s 达到最小？

为了找出规律，让我们从简单情形做起.

当 $n=1$ 时，即只有一个机器人时，显然工具箱放在它身边，所走的距离 $s=0$ 是最小值.

当 $n=2$ 时，即有两个机器人时，工具箱可以放在这两个机器人之间流水线上任何地方，它们取工具所走距离之和都等于最小值：两机器人之间的距离（沿流水线的路程）.

当 $n=3$ 时，应将工具箱放在中间那个机器人的身边，否则三个机器人取工具所走距离之和将不小于外边两机器人沿流水线之间的距离. 只有当工具箱放在中间机器人的身边，所走距离之和才能达到最小值.

当 $n=4$ 时，设四个机器人 A_1、A_2、A_3、A_4 依次分布在流水线上，如下图所示.

工具箱如放在 A_2 与 A_3 闭区间的任何地方 P，那么四个机器人所走距离之和为

$$A_1P + A_2P + A_3P + A_4P = A_1A_4 + A_2A_3.$$

如果工具箱 P 放在 A_2A_3 之外，则

$$A_1P + A_2P + A_3P + A_4P \geqslant A_1A_4 + A_2A_3.$$

从上述分析可见，n 为奇数时，工具箱放在最中间一个机器人的身边；n 为偶数时，工具箱放在最中间两人之间（闭区间）的任何地方，所有机器人拿工具所走距离之和 s 达到最小.

遇到几辆车？

　　指挥部到某边防站只有一条公路，汽车要开三天三夜．从指挥部出发，每天下午1点都要开出一辆车驶向边防站；同时，该边防站也要发出一辆车驶向指挥部．试问今天从指挥部开出的汽车至抵达边防站时止，共能遇到几辆从边防站开出的车？

　　今天下午1点从指挥部发的车，遇到的第一辆从边防站开来的车，是三天三夜前从边防站出发的．今天从指挥部出发的车，要在三天三夜后到达边防站，也就是说那时在边防站遇到的从边防站发出的车是最后一辆．所以，三天三夜前从边防站发出的车，到三天三夜后从边防站发出的车，它都要碰到，可知它一共遇到7辆车．

烧饭也用得上数学

妈妈烧晚饭，家里有一台两眼煤气灶，但只有一个饭锅和一个炒菜锅．晚饭要烧一锅饭，炒三个菜．已知取米淘米下锅共要花 3 分钟，烧熟这锅饭要 10分钟，饭烧熟后还要烘 5 分钟才能打开吃；炒甲、乙、丙三个菜分别要 4 分钟、5 分钟和 6 分钟，把每个菜盛到碗里端上桌分别各需 1 分钟；盛好一碗饭并端上桌配上筷子要半分钟．全家三口人开始吃饭时，妈妈至少已经忙碌了多少分钟？

妈妈只有一双手，不能同时做两件事；但有两眼煤气灶，所以安排好不好，所用时间是不同的．如果按部就班先烧饭再炒菜，最后盛饭，那就需要

$$3 + 10 + 5 + 4 + 5 + 6 + 3 + 1.5 = 37.5（分钟）.$$

如果先取米淘米烧上饭后，利用另一眼煤气灶炒菜，最后盛饭拿筷子，所用时间就少多了．这样的安排可用图表示如下：

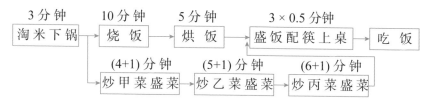

共需：

$$3 + 5 + 6 + 7 + 1.5 = 22.5（分钟）.$$

这样安排节约了 15 分钟．

以上工作顺序安排图叫做流程图．这是我国杰出的数学家华罗庚生前在全国推广过的"统筹方法"．他在 1965 年就此类问题写过一本书，名叫《统筹方法平话及补充》．

加工部件

生产 A、B、C、D、E 五个机械部件，每种部件都要先经过工序Ⅰ、再经过工序Ⅱ，才能完成．各种部件在各工序所花的时间如下表（单位：分钟）．

部件工序	A	B	C	D	E
Ⅰ	8	9	4	6	3
Ⅱ	5	2	10	8	1

现在，安排两名工人各负责一道工序，如果要尽快地把这五种部件加工完毕，五个部件哪个该先加工，哪个该后加工？最快共需几分钟？

为完成这五个部件，加工工序Ⅰ的工人要工作 30 分钟，加工工序Ⅱ的工人要工作 26 分钟．所以，这批部件至少 30 分钟才能完成．加工工序Ⅰ的工人可连续生产，因此，最后完成五个部件的时间长短取决于加工工序Ⅱ的工人等待时间的多少．

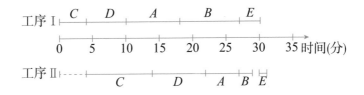

由于一开始工序Ⅱ总要待料，为使工序Ⅱ一开始少等待，所以，工序Ⅰ加工的第一个部件应是时间少的．如 E，工序Ⅰ只要 3 分钟，但是，E 的第一

道工序加工完毕，移到工序 II 加工，只要 1 分钟，这样不管第二个部件加工什么，工序 II 又得等．所以，工序 II 要先加工花时长的部件较适宜．于是，工序 I 的第一个部件可挑选 C，接着加工 D、A、B、E．工序 II 也可按 C、D、A、B、E 的顺序加工．

当工序 II 加工完 B 部件时，一共 25 分钟，这时 E 还没有完成工序 I，所以工序 II 要停顿 1 分钟．之后，再加工 E．前后一共 31 分钟．

田忌赛马

  战国时期，齐威王要和田忌赛马．竞赛分三场进行，三战两胜．也就是说，各出三匹马，一对一比三次．可是田忌的马不如齐威王的马好．田忌最好的马不如齐威王的好马，田忌的中等的马也不如齐威王的中马，田忌的次马也不如齐威王的次马．

  这时军师孙膑给田忌出了个主意，使田忌在赛马中竟然取得了胜利．你知道，孙膑出了一个什么样的主意？

  孙膑的主意是：让田忌用自己的次马迎战齐威王的好马，而用自己的好马去迎战齐威王的中马，用自己的中马去迎战齐威王的次马．结果田忌以 2：1 取得了胜利．

神奇的转桌

有一只四角方桌，可绕中心转动．每只角上有一很深凹坑，内放一只酒杯，正立或倒立．不准看，但准许用手伸进去触摸．

参与游戏者先转一转桌子，当它停下后，伸出左、右手，摸进两个不同的凹坑里去，然后随意调整酒杯的摆法：可以保持现状，也可改变其中一只酒杯的摆法，或者改变两只酒杯的摆法．然后，再次转动桌子，并重复上述过程．就这样一直玩下去．很明显，当台子转动或停止时，根本没有办法确定哪只角的凹坑是刚才伸手触摸过的，这就是难点所在．本游戏的目标是要想方设法使四只酒杯全是正放或全是倒放．一旦做到这一点，铃声就会立即大响．当然开始时，角上四只酒杯的摆法是不相同的．

为了防止投机取巧，还必须严格规定若干细节，首先是每次只能触摸两个坑，不准摸来摸去．其次，在双手从凹坑中撤回来之前，铃声不会响．这样可以防止一种欺诈做法，即双手在凹坑内把酒杯摆来摆去，打算在某一种摆法中听到铃声．做了这样的细致规定之后，大家就必须凭真本事解决问题了．

（1）用双手触摸任意两只处于对角位置的凹坑，把两只酒杯全都正放．若铃声不响，就接着走下一步．

（2）转动桌子，当它停下来后，把双手伸进任意两只相邻凹坑，如果发现两只酒杯都是正放的，则任其自然；否则应将倒放的那只酒杯改成正放．这时若铃声仍然不响，即可推知此时必是三杯向上，而一杯向下．

（3）转动桌子，当它停稳后，把双手伸进任意两只对角位置的凹坑，此时若发现有一只向下放的杯子，则把它颠倒过来，铃声必响；如果两杯都是向上放的，则把其中的一只颠倒过来．此时杯子的排列模式必然是：$\dfrac{正倒}{正倒}$．

（4）转动桌子，停好以后，把双手伸进任意两只相邻的凹坑，然后把两只酒杯全都颠倒一下．可推知此时坑中酒杯的放置模式必然是：$\dfrac{正倒}{倒正}$．

（5）转动桌子，等它停下来之后，把双手伸进任意一对互为对角的凹坑中去，把两只杯子全都颠倒一下．铃声果然大作了．

本问题的特别吸引人之处在于：虽然它表面上看来似乎是一个概率问题，其实却是一个运筹问题，也可以说是人对自然界的博弈．

珍贵的背包

有四类贵重物品：第一类每件重 8 千克，值 10 万元；第二类每件重 6 千克，值 7 万元；第三类每件重 5 千克，值 5 万元；第四类每件重 2 千克，值 1 万元．现在有一只背包，最多只能装 10 千克，将这些贵重物品装进背包里，怎样装才能不超重，同时又使背包内物体的价值最大？

设背包内装四类物品各 x_1、x_2、x_3、x_4 件，那么这个问题就是在条件

$$8x_1 + 6x_2 + 5x_3 + 2x_4 \leqslant 10$$

下，求使

$$y = 10x_1 + 7x_2 + 5x_3 + x_4$$

最大的正整数解 x_1、x_2、x_3、x_4.

为了使在背包里放的东西价值最大，我们应尽量先放贵重的物品．各类物品每千克的价值如下：

第一类　　　　　　$10 \div 8 = 1.25$（万元），

第二类　　　　　　$7 \div 6 \approx 1.17$（万元），

第三类　　　　　　　$5 \div 5 = 1$（万元），

第四类　　　　　　　$1 \div 2 = 0.5$（万元）.

可见应尽量按第一、二、三、四类的顺序优先放置．

先放第一类物品，因总重不得超过 10 千克，而第一类物品每件重 8 千克，所以，只有两种可能，放 1 件或 0 件．

（1）如果放一件第一类物品，此时还可放 $10 - 8 = 2$（千克）．优先放第二类物品，但第二类物品每件重 6 千克，所以，只能放 0 件．再考虑放第三类物

品，由于第三类物品每件重 5 千克，所以，也只能放 0 件．最后考虑放第四类物品，第四类物品每件 2 千克，可以放 1 件．此时，背包正巧装满，总价值为

$$10 \times 1 + 1 \times 1 = 11 （万元）.$$

（2）如果第一类物品一件也不放，那么，第二类物品可以放一件．这时还可放 10-6＝4（千克）物品．由于第三类物品每件重 5 公斤，所以，第三类物品是不能放了，改放 2 件第四类物品．此时，背包正巧放满，总值为

$$7 \times 1 + 1 \times 2 = 9 （万元）.$$

这种放法不如（1）．

所以，本题最优放法为第一类物品放一件，第二、三类不放，第四类放一件，总值为 11 万元．

人人有座

有一路公共汽车，包括起点站与终点站共 15 个站．如果有一辆车，除终点站外，每一站上车的乘客中，恰好各有一位乘客从这一站到以后的每一站下车．为了乘客都有座位，问这辆公共汽车至少要有多少座位？

由于各站上车和下车的人数是变化的．要求出车上的座位数（使每人都有座位），就是要求车上所能达到的最多人数．为此，不妨从第一站起逐站研究一下车上人数的变化．

第一站：上 14 人，下 0 人，增加 14 人；

第二站：上 13 人，下 1 人，增加 12 人；

第三站：上 12 人，下 2 人，增加 10 人；

……

从此可见，各站增加人数从 14 人开始，以后逐站减少 2 人，这样下去，必然有一站，车上增加人数为零，即第八站时，上 7 人，下 7 人．从第九站开始，逐站减少 2 人．在第七站时，上 8 人，下 6 人，增加 2 人，使车上人数达到最高峰，而第八站时，上 7 人，下 7 人，车上人数保持最高峰．此时车上人数为

$$14 + 12 + 10 + 8 + 6 + 4 + 2 = 56（人）.$$

所以这辆汽车如有 56 个座位，就不会有人无座位．

这是动态规划最简易的实例，学会从变化运动中把握规律，是一种有意义的思维训练．

赛车问题

有一赛车场，其路线如图所示，S 为起点，F 为终点．赛车路程可分四段，最后必须到达终点 F．由 P_3 或 Q_3 到达 F 时，途中无分支点，所以第四阶段不存在决策问题；但在第一、二、三阶段都有如何选择一条最好路线的决策问题．由于参加比赛的选手都是驾车能手，所以可假定他们的行车速度基本相同．于是取胜的关键就在于选择一条最优的路线．如果每段道路的行车时间都以分钟为单位予以标明（如图），那么问题就容易解决．

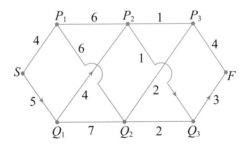

先考虑一种笨办法，因从 S 到 F 的所有可能路线总共才 8 条，因而只要将此 8 条路线中各段所需时间全部相加，一比较，就立即知道孰优孰劣了．

解决这类序贯决策问题，最有效的方法是美国数学家贝尔曼创立的"动态规划法"．从最后一段开始，逐段研究，逐点标明"值"（到达终点的最小"代价"）．由图可看出，从 P_3 和 Q_3 到 F 点的代价分别为 4 和 3，在 P_2 点时，经 $P_2 \rightarrow P_3 \rightarrow F$ 的代价为 5，经 $P_2 \rightarrow Q_3 \rightarrow F$ 的代价为 4，两者比较，取其优者 4. 用这种方法可求得所有分支点的代价. 通过逐步逆推,最优路线 $S \to Q_1 \to P_2 \to Q_3 \to F$ 即可定出,其代价是 13.

如果每一分支点只有两条分支,分段数为 n,则用穷举法,共需 $(n-1)2^{n-1}$ 次加法运算;用动态规划法则需 $4(n-2)+2$ 次加法运算. 如果 $n=10$,前者需作 4608 次加法运算,而后者只需 34 次. 优劣对比是极其明显的.

猫鼠斗智

　　猫和老鼠是死对头．有一次，一只老鼠在圆形湖边的小路上突然遇到猫，它想回洞已来不及．猫的速度又比老鼠快得多，眼看鼠只能束手就擒了．但是如果鼠还是有办法逃得掉的．它到底应采取何种对策？

　　设想老鼠跳入圆湖之中企图逃跑，猫在岸上跑的速度是鼠在湖中游的速度的 4 倍．

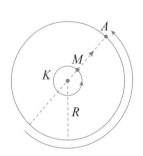

　　图中，半径为 R 的大圆表示圆湖，取 $\frac{1}{4}R$ 为半径作一同心小圆 K，老鼠跳入湖中后，先游到 K 内，然后不断转圈，猫则在岸上追踪老鼠绕大圈跑，且猫鼠始终同向跑；但用同样的时间，老鼠在圆 K 内转圈所转过的角度要比猫在岸上转过的角度要大．所以老鼠可以游到 M 点，再游向岸边．

　　显然，M 点到湖岸的最短距离是 $\frac{3}{4}R$，设鼠速为 v，则鼠由 M 点到湖岸 A 点所需的时间是 $\frac{3R}{4v}$．但猫到达 A 点的路程正好是半圆周，即 πR，所以，猫所需的时间是 $\frac{\pi R}{4v}$．

　　因此，鼠先上岸．

数字奇趣

费马数

大家都知道，

$$2^{2^0}+1=3，2^{2^1}+1=5，$$
$$2^{2^2}+1=17，2^{2^3}+1=257，$$
$$2^{2^4}+1=65537$$

都是素数，那么像

$$2^{2^n}+1（n \text{ 为非负整数}）$$

这种形式的数是不是都是素数呢？

这是法国数学家费马在 1640 年提出的一个猜想．可是，1732 年，欧拉指出，

$$2^{2^5}+1=641 \times 6700417，$$

宣布了费马的这个猜想不成立．

以后，人们又陆续找到了不少反例，如 $2^{2^6}+1=274177 \times 67280421310721$ 也是合数．

梅森数

把两个国际象棋棋盘摆放在一起，在第一格放 1 粒麦子，第二格放 2 粒，第三格放 4 粒麦子……这样，从第二个棋盘的最后一格取出 1 粒麦子后，这一格里还剩下 $2^{127}-1$ 粒麦子，这个长达 39 位的"天文数字"是一个素数.

法国数学家梅森对这类形如 2^n-1 的素数特别感兴趣，做过不少有意义的工作，后人就把此类数命名为梅森数.

已经证明了，如果 2^n-1 是素数，则幂指数 n 必须是素数. 然而，反过来并不对，当 n 是素数时，2^n-1 不一定是素数，例如，人们已经找出 $2^{11}-1$ 是个合数，23 可除尽它；$2^{23}-1$ 也是合数，47 可以除尽它.

梅森数的因子有时非常难找，美国数学家科尔在 1903 年的学术会议上走上讲台，在黑板上计算了 $2^{67}-1$，接着，他又把 193707721 和 761838257287 两个数用直式相乘，两次计算结果完全相同. 他一句话都没有说，就回到了自己的座位上，这场"不说话的报告"已经成为数学史上的佳话.

完全数

欧洲中世纪，意大利人把"6"看成是属于爱神维纳斯的数，以象征美满的婚姻．

如果把一个自然数的所有约数（本身不在内）加起来，恰好等于这个数时，这样的自然数就叫完全数．上面所说的 6 就具备此种性质，即 $1+2+3=6$．实际上，6 是完全数家族中最小的一个成员．

又如，自然数 28 除去本身有五个约数 1、2、4、7、14，而 $1+2+4+7+14=28$，所以 28 也是一个完全数．

人们已经研究出，完全数可用公式

$$N = 2^{n-1} \cdot (2^n - 1)$$

表示，这里的第二个因子 $(2^n - 1)$ 必须是一个素数．例如由已知的素数 $2^{19937} - 1$ 可以算出与之相应的完全数是 $2^{19936}(2^{19937} - 1)$，这是一个长达 12003 位的数字．

下图是完全数家族中的五个小兄弟．

n	相应的完全数
2	6
3	28
5	496
7	8128
13	33550336

相亲数

你是否知道，枯燥的数字里头有种亲密无间的"相亲数"？最简单的一对相亲数是 220 与 284，如果把 220 的全部约数（除掉其本身）加起来，其和就等于另一个数 284，也就是

$$1+2+4+5+10+11+20+22+44+55+110=284；$$

同样，把 284 的全部约数（除掉 284 本身）相加，其和正好等于 220，即

$$1+2+4+71+142=220.$$

这不是"你中有我，我中有你"吗？

自古以来，相亲数就引起了许多数学家与数学爱好者的浓厚兴趣．上述第一对相亲数在古希腊时期就已被发现，后来阿拉伯数学家本·科拉建立了一个有名的相亲数公式：

设 $\qquad a=3 \cdot 2^x-1,\ b=3 \cdot 2^{x-1}-1,\ c=9 \cdot 2^{2x-1}-1,$

这里 x 是大于 1 的自然数，如果 a、b、c 全是素数的话，那么 $2^x \cdot ab$ 与 $2^x \cdot c$ 便是一对相亲数．

比如说，当 $x=2$ 时，我们不难算出 $a=11$，$b=5$，$c=71$，它们全都是素数，所以

$$2^x \cdot ab=2^2 \cdot 11 \cdot 5=220；$$
$$2^x \cdot c=2^2 \cdot 71=284.$$

数学家费马、笛卡儿和欧拉也都研究过相亲数这个课题．特别是欧拉，他在 1750 年，一口气向公众宣布了 60 对相亲数，使人们大吃一惊．可是这

样一来，人们反而认为既然这样一位大数学家已经研究过它，而且又创造了多达 60 对的纪录，这个课题看来肯定是已经到了"顶峰"，剩下来的"油水"不多了．一百多年过去了，"相亲数"这个话题似乎已被世人淡忘．然而，1866 年，有一个年仅 16 岁的意大利青年巴格尼尼却发现：1184 与 1210 是仅仅比 220 与 284 稍大一些的第二对相亲数．

原来，欧拉算出了长达几十位、天文数字般的相亲数，却偏偏遗漏了近在身边的第二对．专家也有疏忽大意之时，老话说"尺有所短，寸有所长"，说得真是一点不错．

最后，我再告诉读者第三对和第四对相亲数，即 17926 与 18416 及 9363548 与 9437506．

喀普利卡数

印度境内某铁路沿线有一块里程指示牌，上面写着"3025 公里"，由于受到龙卷风的袭击，路牌被拦腰折断为 30 与 25. 有一天数学家喀普利卡偶然路经该地，看到这幕景象，突然心中一亮，他自言自语地说道："这个数好奇怪呀！$30+25=55$ 而 $55^2=3025$，原数不是重现了吗？"从此以后，他就专门搜集这类数字，而别人也把这种"怪数"命名为"喀普利卡数"，简称"喀氏数"，也叫"分和累乘再现数".

查找这类数字的办法很多，从初等数学到高等数学，应有尽有. 下文介绍两种最简单的办法.

第一种是日本人藤村幸三郎的解法. 设四位数的前两位为 x，后两位为 y，由"喀氏数"的性质可列出式子：

$$(x+y)^2 = 100x+y,$$

即

$$x^2 + 2(y-50)x + y^2 - y = 0.$$

把它看成 x 的一元二次方程，并解出 $x = 50 - y \pm \sqrt{2500-99y}$. 因为 $2500-99y$ 必须是完全平方数，故 y 只能等于 25 或 1，抓住这个要点"跟踪追击"，即可求出四个喀氏数 3025、2025 与 9801（还有一个 0001，但根据一般习惯，不把它视为四位数，故从略）.

第二个办法是日本人浅野英夫的解法. 设四位数的前两位与后两位分别为 A、B，于是有

$$(A+B)^2 = 100A + B = A+B+99A,$$

$$(A+B)(A+B-1)=99A.$$

从而可看出 $A+B$ 与 $A+B-1$ 中一个是 9 的倍数，一个是 11 的倍数．这样就很容易找出合适的候补者是 44，55 与 99，从而可发现三个喀氏数 2025、3025 与 9801．

喀氏数不限于四位，其他位数也有．我们不妨再随便举出一个 8 位数，它是由美国数学家发现的，此数等于 60481729，把它分成前后两段并相加求和，将可得到 $6048+1729=7777$，而 $7777^2=60481729$．

它又像幽灵一般地"回家"来了！

尾巴上的零

$1 \times 2 \times 3 \times 4 \times 5 \times \cdots \times 1990 \times 1991$ 的乘积末端有几个零？（中间的 0 不算）从 1 一个不漏地乘到 1991，这个数字实在太大了，不容易分析．因此，我们先从小处着手来解．先看 $1 \times 2 \times 3 \times 4 \times 5 \times 6 = 720$，其末位只有一个 0，从而可以看出，在质因数的乘积中，只有 2×5 的积才会出现一个零．

有人会说，$4 \times 25 = 100$，不是出现两个零吗？对！但是 $4 \times 25 = (2 \times 5)^2$，可见还是 2×5 在起作用！

好比生病一样，病原体已找到，问题就很清楚．另外又容易看到，在一串连续数的乘积中，因子 2 远比因子 5 要多，所以主要矛盾取决于 5 的个数，如在一个社团中，男多女少，结成配偶的对数就取决于女方了．

于是我们开始清点 $1 \times 2 \times \cdots \times 1991$ 中含有多少个 5 的因子，先考虑单个的 5，由于 $1991 \div 5$ 的商数为 398，这个数字就算出来了．

继续清点该连乘积中含有 $5^2 = 25$ 的因子，如法炮制，可立即算出这个数字为 79．

再清点 $5^3 = 125$ 及 $5^4 = 625$ 的因子个数，它们分别有 15 个和 3 个．由于能被 25 整除的数也可以被 5 整除，所以我们在清点时只计一次，不要重复．

于是我们可以马上判明在这个漫长的连乘积中，其尾巴上一共有 $398 + 79 + 15 + 3 = 495$ 个零．

数字魔术

　　先请人家在心中秘密认定一个数，这个数可以是一位、两位或三位自然数．然后把此数乘以 1667，现在并不要求你把全部乘积说出来，而只要求透露乘积尾巴上的几位数字．即如果该秘密数是一位数，那就透露积的末一位数；如果它是两位数，那就透露积的最后两位数……

　　掌握窍门的猜数者竟能在几秒钟内立即把你秘密认定的数当众"亮相"，这是怎么回事呢？

　　原来，1667 乘以 3，正好等于 5001．所以，用任何一位、两位或三位数与之相乘，积的末尾上便能"如影随形"般地反映出原先的乘数来．所以，猜数者的窍门便是把通报给他的尾巴数乘以 3．并且，你报几位，他就在积的尾巴上截取几位．由于乘 3 的运算特别简易，所以要不了几秒钟，结果就出来了．

　　被乘数并不是非要用 1667 不可．如果要猜的数只是一位或两位自然数，那么，改用 467，1867 等也都可以，只要最后两位数是 67 就行了．

　　不过，1667 却是同类乘数中的佼佼者，因为它暗示我们，可以把这种被乘数任意拉长，例如 16667 等，使得猜数戏法更吸引人．

素数长蛇

能不能画出一个图形，把一切素数全都囊括进去？

对此问题，恐怕许多人都会摇头．因为素数虽是数学大家庭里的宠儿，千百年来，它所衍生的一些理论问题吸引了无数学者．但是，它也很像大家庭里调皮捣蛋的孩子．法国著名学者费马在素数方面也犯过错．

但是，下面的图形"蜿蜒上升的长蛇"确实能把全部素数搜罗进去，使它

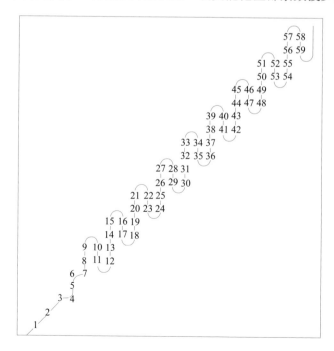

们落在一条自左下到右上的对角线上．说得更清楚些，这条对角线上的数并非全是素数，然而所有的素数全都落在该对角线上，落在外面的素数一个都没有了！

原来，任意一个大于 3 的素数与 6 的倍数之差为 1 或 -1．易于看出，等于 $6n \pm 1$ 的数都必然落在图的对角线上．所以，该对角线必将抓住所有的素数，无一落空．

用 π 表示整数

　　如果在通常的运算符号之外，只准使用简单的"取整"记号 [ ]，能不能用尽可能少的 π 来表达一些整数？

　　现在请你用三个 π 来表达自然数 17，18，19 和 20，行不行？

　　经过一番思索与试探，可以得到下面的"简洁"答案：

$$17 = [\pi \times \pi \times \sqrt{\pi}]$$

$$18 = [\pi] \times [\pi + \pi]$$

$$19 = [\pi(\pi + \pi)]$$

$$20 = [\pi^{\pi} / \sqrt{\pi}]$$

　　18 的表达式是很容易找到的，17 与 19 相对来说就较为困难，至于 20，就很难构思了．

　　也许你们能找到更为简单的表达式，请试一试吧！

一个两千位的自然数

有一个两千位的自然数 $\overline{a_1a_2\cdots a_{2000}}$，其中任意相邻的两位数 a_ia_{i+1}（$i=1$，2，$\cdots$，1999）构成的两位数必是 17 或 23 的倍数．如果这个两千位的自然数的数码中一定出现 1、9、8、7，试求此两千位的自然数；并证明这个两千位的自然数是合数．

这是一道有趣的题，不少人感到无从下手，凭这么少的条件，怎么能求出如此长的自然数，真有点不可思议！

要写出这个两千位的自然数

$$N=\overline{a_1a_2a_3\cdots a_{1999}a_{2000}},$$

应先弄清它的数码 a_1，a_2，a_3，$\cdots$，a_{1999}，a_{2000} 的特点和排列的规律．根据已知条件"任意相邻的两个数码 a_ia_{i+1}（$i=1$，2，3，$\cdots$，1999）构成的两位数必是 17 或 23 的倍数"，考察 17 与 23 的倍数，它们是 17，34，51，68，85 和 23，46，69，92，共 9 个．它们的个位数上的数码正好是：1、2、3、4、5、6、7、8、9，它们的十位数上的数码却是：1、2、3、4、5、6、8、9，其中独缺一个 7．

由于 N 的数码中必有 1、9、8、7，所以 $a_{2000}=7$，否则 $a_i=7$（$1\leqslant i<2000$），则满足条件的 a_{i+1} 必不存在．这是因为 17 或 23 的倍数中两位数的十位数上数码无 7．同时，还注意到 $\overline{a_ia_{i+1}}$ 中 a_{i+1} 的值确定后，a_i 随之也唯一地确定了．

从 $a_{2000}=7$，可知 $a_{1999}=1$，$a_{1998}=5$，$a_{1997}=8$，$a_{1996}=6$，$a_{1995}=4$，$a_{1994}=3$，$a_{1993}=2$，$a_{1992}=9$，$a_{1991}=6$，$a_{1990}=4$，$a_{1989}=3$，$a_{1988}=2$，$a_{1987}=9$，$a_{1986}=6$，

依次类推，可知 $a_1=6$，$a_2=9$，$a_3=2$，$a_4=3$，$a_5=4$，…，所以

$$N=69234\ 69234\cdots 69234\ 68517.$$

N 所有数码之和为：

$399\times(6+9+2+3+4)+(6+8+5+1+7)=399\times 24+27=3^2\times(133\times 8+3)$，

所以，N 能被 9 整除，为合数．

9 的迷阵

$N = 99999^{9999^{999^{99^9}}}$ 的个位数是几?

这是个外表吓人的问题.其实按照幂的计算规律一步步推算,并不太难.先从上面算起,设 $n_1 = 99^9$,再 $n_2 = 999^{n_1}$,$n_3 = 9999^{n_2}$,这样 $N = 99999^{n_3}$.

由于 $n_3 = 9999^{n_2} = 9999^{999^{n_1}} = 9999^{999^{99^9}}$ 不是偶数,不妨记为 $2k+1$,k 是整数.所以,

$$N = 99999^{n_3} = 99999^{2k+1} = 11111^{2k+1} \cdot 9^{2k+1} = 11111^{2k+1} \cdot 81^k \cdot 9.$$

因为 11111^{2k+1} 的个位数必为 1,81^k 的个位数也必为 1,所以 N 的个位数必然是 9.

有趣的六位数

一个六位数分别乘以 2、3、4、5、6 时，得到的积仍是六位数，而且是由原来六位数的 6 个数字组成，只不过排列顺序不同罢了.

这样的六位数存在吗？如果存在，怎样求出这个六位数？

先来研究具有上述要求的六位数 $N = \overline{a_6 a_5 a_4 a_3 a_2 a_1}$ 有哪些特性：

（1） $a_6 = 1$.

否则， a_6 如大于或等于 2，那么 $6N$ 将成为七位数了.

（2） a_1、 a_2、 a_3、 a_4、 a_5、 a_6 这六个数字是互不相同的，其中没有 0，但有 1.

从 $a_6 = 1$，可以推知 $2N$、 $3N$、 $4N$、 $5N$、 $6N$ 五个六位数的第一位数不能是 0 和 1，并且是五个不同的数字. 如果有某两个六位数的第一位数一样，那么其大数减去小数，所得差的第一位数将是 0，可实际上差数至少应是 N，因而是不可能的. 从此可知 $2N$、 $3N$、 $4N$、 $5N$ 和 $6N$ 的第一位数字和 1 是组成 N 的六个数字，也是组成 $2N$、 $3N$、 $4N$、 $5N$ 和 $6N$ 的六个数字，仅仅是排列顺序不同.

（3） $a_1 = 7$.

首先 a_1 不是偶数，否则 $5N$ 的个位数将是 0； a_1 也不能是 5，否则 $2N$ 的个位数将是零； a_1 也不能是 1，否则与 a_1、 a_2、 $\cdots$、 a_6 互不相同的要求矛盾.

因此 a_1 只可能是 3、7、9 三个数字之一，如 $a_1 = 3$ 或 9，则乘以 2、3、4、5、6 所得积的尾数中没有 1，与（2）的结论不符. 所以 $a_1 = 7$ 是唯一的可能.

因为 $7 \times 2 = 14$， $7 \times 3 = 21$， $7 \times 4 = 28$， $7 \times 5 = 35$， $7 \times 6 = 42$，可知所求 N

的六个数字是：1、4、8、5、2、7；只是还不知道是怎样排列的．

在 N、$2N$、$3N$、$4N$、$5N$ 和 $6N$ 这六个六位数中同一数位上的数码也是不相同的，否则两个六位数之差在某一数位上将出现 0 或 9，这与差应该是 N 或 N 的倍数（其中数字没有 0 或 9）矛盾．

既然六个六位数中数码都不一样，那么，$N + 2N + 3N + 4N + 5N + 6N = 21N$，又因为六个六位数同一数位上数码也都不同，所以

$21N = (1 + 4 + 8 + 5 + 2 + 7) \times (10^5 + 10^4 + 10^3 + 10^2 + 10 + 1) = 27 \times 111111 = 2999997.$

于是，可求出这个六位数 $N - 2999997 \div 21 = 142857.$

角谷猜想

在两条极其简单的规则指引下，可以将一个自然数进行变换．你事先可曾想到，几乎所有的自然数都将陷入一个死循环？

只要制定两条极其简单的规则，就可以将一个自然数 N 变为其他自然数．规则如下：

（1）当 N 是奇数时，下一步变为 $3N+1$；

（2）当 N 是偶数时，下一步变为 $\dfrac{N}{2}$．

这是由日本学者角谷静夫首先提出的，所以称为"角谷猜想"．

有一点很值得注意．假设 N 是 2 的正整数幂，那么无论这个数字如何庞大，它将像瀑布一样地"一落千丈"，很快地跌落到 1．例如 $N=16384=2^{14}$，此时将有：$16384 \to 8192 \to 4096 \to 2048 \to 1024 \to 512 \to 256 \to 128 \to 64 \to 32 \to 16 \to 8 \to 4 \to 2 \to 1$，在变到 1 以后，又可以变为 4，接下来又继续变成 2 和 1，所以实际上陷进了一个无休无止的循环圈子：

最令人不可思议的是，无论你从什么样的自然数开始，也许中间要经过漫长的历程，变出来的数字忽大忽小，但最终必然会跌进上述循环．

循环小数圆盘

怎样根据循环小数的特性来制作一个可用于速算的圆盘？

用硬纸片做一个圆盘，将它分成六等分，再作两个同心圆，把它分成两层．在外层各等分格内，依次填上 1，4，2，8，5，7 六数；内层则填上 1，3，2，6，4，5 六数．另外用硬纸片做一个指针，指针上分别标着箭头、"△"和"×"三个符号．把指针用大头钉固定在圆盘中心，使它能自由旋转，像个钟表的指针一样．速算盘就做成了．

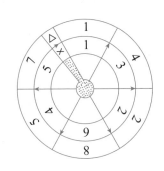

用这个圆盘可以做分母为 7 的真分数化为

小数的速算．例如要算 $\frac{1}{7}$，就把指针转到"×"符号对准内层"1"的地方，而指针"△"符号就对准外层的数，沿着箭头指向，就可在外层读出结果 $0.\dot{1}4285\dot{7}$．仿照此种办法，也可算出 $\frac{2}{7}$，$\frac{3}{7}$，…，$\frac{6}{7}$ 的循环小数表达式．

$\frac{1}{7}$ 是一个相当特殊的分数，它的循环节有 6 位．它与 1、2、3、4、5、6 分别相乘，结果也是具有 6 位循环节的无限小数，而且循环数字的顺序相同，不过初始状态不同而已．

具有这种性质的分数很多，如 $\frac{1}{19}$ 等，大家也可以照此画一画．

后记

让孩子不再恐惧数学

数学是很多孩子的老大难问题，有的孩子甚至看到数学题就紧张，这种情况对于孩子的发展来说是非常不利的，不仅不利于升学发展，更对孩子的自信产生了极大的影响。

数学真的那么难吗？不是的，只是孩子没有掌握方法。首先让孩子认识到数学的乐趣，真正不惧怕数学，才能开展之后的一系列学习策略，这就对父母的教育方式提出了更高的要求。家长的引导十分重要，在注重全面发展的今天，升学也是不能逃避的问题，如何帮助孩子对数学产生兴趣，必须从引导开始。

当孩子对数学感到恐惧的时候，这时候是不能强迫的，要让孩子认识到数学不难，数学是和生活息息相关的，在生活的方方面面都有数学的"化身"——有个同班同学恰好跟我同一天生日的概率是多少？做饭也用得上数学？这些情况在生活中比比皆是。

那么，数学是怎样在生活中运作的呢？它就像是一种语言，通过这种语言，能够告诉人们一些不为人知的"秘密"，帮助我们得出更多的结论，做出更多的判断与决策，这些都是数学给予我们的。当孩子把数学当成一种语言的时候，也许就不会那么恐惧它了。

这本书出版的本意就是希望更多的孩子能够喜欢上数学，如果能对数学产生兴趣，从而愿意学习数学，这本书出版的目的就真正达成了！